逼自己更优秀，
然后骄傲地活着

米格格 / 著

天 地 出 版 社 | TIANDI PRESS

图书在版编目（CIP）数据

逼自己更优秀，然后骄傲地活着 / 米格格著. —成都：天地出版社，2019.1（2019年重印）
ISBN 978-7-5455-4317-9

Ⅰ.①逼… Ⅱ.①米… Ⅲ.①成功心理—通俗读物 Ⅳ.①B848.4-49

中国版本图书馆CIP数据核字（2018）第247351号

逼自己更优秀，然后骄傲地活着
BI ZIJI GENG YOUXIU, RANHOU JIAOAO DE HUOZHE

出品人	杨 政
著 者	米格格
责任编辑	刘 倩
装帧设计	思想工社
责任印制	葛红梅
出版发行	天地出版社 （成都市槐树街2号　邮政编码：610014）
网　　址	http://www.tiandiph.com http://www.天地出版社.com
电子邮箱	tiandicbs@vip.163.com
经　　销	新华文轩出版传媒股份有限公司
印　　刷	天津文林印务有限公司
版　　次	2019年1月第1版
印　　次	2019年7月第2次印刷
成品尺寸	145mm×210mm　1/32
印　　张	8
字　　数	166千
定　　价	45.00元
书　　号	ISBN 978-7-5455-4317-9

版权所有◆违者必究

咨询电话：（028）87734639（总编室）
购书热线：（010）67693207（市场部）

本版图书凡印刷、装订错误，可及时向我社发行部调换

推 荐 序

所有的磨难，
都将沉淀为力量

简书CEO 林立

遭遇磨难之前，你永远不知道自己有多背。

走出磨难之前，你永远不知道自己有多强。

所以，问题来了，我们到底该用什么样的姿态去看待磨难？

我想，从格格的这本书里，你或许能够找到一些答案。

格格是我在简书里亲选的签约作者，她入驻简书的时间并不长，至我写这篇推荐序不过半年之久。可她的文章，却从一开始就深得编辑和网友的喜欢与认可。她的文字并不华丽，无论什么样的故事，读起来都是淡淡的笔调，读过后却有如红酒般绵长和醇香，值得细品。

我用了整整两个晚上的时间，读完了格格的这本新书。说实话，很难用一两句言语来概括。文字风格延续了她以往平素温暖的格调，每一篇故事都不是为了哗众取宠，而是在认真地解读生活中最真实却也最残酷的一面。她讲述了那些曲曲折折的、不太美好的人生经历，却又有能力让人在看清了生活的真相之

I

后，找寻到一种内在的力量，继续去热爱生活。

自简书创建以来，我和我的团队也遇到过各种各样的困难，每一个问题的出现，最初带来的都是困惑和烦恼，但随着对问题的深入剖析，也从中发现了新的契机。简书走到现在，也是在磨炼中成长的。

联想到生活，依然如是。

磨难和痛苦的存在，只要毁不了你，压不垮你，在沉淀过后，都会变成一种力量。它会让你变得恬静而坚强，褪去所有的虚弱与毛躁。

有个朋友跟我讲，说所有人都渴望平静如水的人生，可若真是那样的话，人生就成了一摊令人绝望的死水。只有夹杂进酸甜苦辣各种味道，才能搅动这摊死水，让它变得灵动而鲜活。当你的人生被这股力量搅得七荤八素的时候，你会惊讶地发现：该沉淀的沉淀了，该升华的升华了，剩下的全是通透。

当然了，痛苦不是包治百病的灵丹，现实中被这味药毒倒的大有人在。我不想刻意熬制什么鸡汤，渲染痛苦是财富，因为痛苦本身不是财富，只有把痛苦彻底地消化掉，才能享受它所带来的红利。从痛苦到财富，还隔着一段很长的距离。

米格格的这部新作，最打动我的地方，是在千奇百怪的世间事里，去挖掘消化痛苦的方法和能力，这才是它真正的价值所在。在读这些文字的时候，我也不禁想起当年那些打击我的、挫败我的、伤害我的、冷落我的种种经历，毫不夸张地说，那真的是我今天所有动力和能力的来源，使我迫不及待地想要面对新的挑战，从中淬炼生命的精华。

最后，我祝愿每一位读者，都能在格格的文字里，找到自己生命的支点。

自 序

没有什么，
比生活更适合做老师

着手写这本书的时候，已是2015年岁末了。

算起来，从事和文字有关的工作也有六七年的时间了，但由于客观条件的制约，多数时间写的都不是自己真正喜欢的、发自内心想要去写的东西，而更像是商业性的软文。

直到2015年下半年，一位相识的编辑朋友介绍我去简书，让我写点自己有感的东西。我开始尝试写网文，用自己最真实的情感和文字，去写接地气儿的文章。没想到，受到了那么多朋友的喜欢和关注，说那些文字道出了他们的心声，让他们看到了自己的影子。

我有点受宠若惊，就好像在文字的世界里，找到了一个瑰丽的小岛。

开通公众号以后，开始不断有朋友给我留言。每一条留言的背后，都藏着青春的迷惘、爱情的困惑、学业的艰辛、人际的疲乏，很少有人述说自己这一天过得多开心，倾诉的多半是独属于自己的伤。原来，生活真的就像文学作品里所说，幸福的模样都是相似的，不幸的却各有各的不幸。

　　我每天都在跟一些陌生的朋友沟通交流，但那种感觉却并不陌生，很像认识多年的老友。然后，也开始不断有人问我，你会出书吗？还能看到你更多的文字吗？说真的，就是在那个时候，我萌生了写这本书的想法。

　　在确定主题的时候，我想过很多，比如"总有一个瞬间能温暖整个曾经"，可到了执笔的时候，却感觉不太对路，去刻意渲染这世间的美好，总显得有些矫情。毕竟，在我近30年的生活中，我所经历的、看到的，不总是那么美好，而令我印象深刻的、能引发深思的，也不是那些闪着亮光的幸福时光，而是一些七零八碎的、令人窝心的，甚至还略显丑陋和残酷的情景。

　　我不擅长编织一些能给人带来遐想的梦，或是幻化出纠结缠绵的爱情故事，相比虚幻的构筑，我更乐于写点儿生活化的东西，发生在自己身上的、周围人身上的，以及陌生人身上的故事。在我眼里，这些故事是再珍贵不过的素材。

　　有什么，能比生活更精彩？有什么，能比生活更现实？有什么，能比生活更适合做老师？好的，不好的，都在每天每时每刻每个人的生活里包裹着。撰写这本书的过程，就是在一层层剥开那些生活的包裹，把最真实的东西呈现出来的过程。

　　我想让所有处在困惑和迷茫中的朋友们，都能从他人的故事里找到慰藉。如果你感觉，书里的某个人、某个情节，和你的经历相似，那么于我而言，就是最大的欣慰。

　　最后，还要说那句话：愿用我字，给你心安。

CONTENTS 目录

Chapter 1

谁不是一边流泪一边坚强

假如有一天，生活刁难了你 / 002

为发生在自己身上的事负责 / 008

谢谢你，从我的世界中途退场 / 015

一辈子那么长，难免会爱错几个人 / 022

痛点是一颗觉醒的种子 / 029

试着去习惯任何人的渐行渐远 / 035

人生终究还得靠自己成全 / 042

Chapter 2

总要腾空双手，
才能接住美好

所有失去的，都会以另一种方式归来 / 052

结局若是好的，一切都是好的 / 058

你们以为我完了，我还早着呢 / 065

成长不只需要吃饭，还需要吃亏 / 072

我们都曾是一粒普通的大米 / 078

跋扈的姿态，敌不过笃定的心 / 084

Chapter 3

伤口处开出的是一朵花

二十年后，愿我有你一半明媚 / 092

花开花落，金枝玉叶不败 / 099

你还有一支笔，怕什么呢 / 105

生命不是因为悲伤才有意义 / 111

一起熬过黑夜的人总是相爱的 / 117

开在沙漠里的依米小花 / 123

Chapter 4

一个人
也要敢与世界较量

谁的青春,都要经历一段孤独不安的日子 / 130

总有一段路,你得一个人走 / 137

世界那么大,玻璃心怎么走得远 / 143

不是所有的疼痛都可以呐喊 / 149

行是一种能力,停是一种智慧 / 154

此生无可求,唯爱不将就 / 160

当陪伴变成了干扰,独处才是救赎 / 166

Chapter 5

微笑吧，
就像从未受过伤一样

摔碎了爱情，别摔疼了自己 / 174

岁月不够静好时，愿你依然向善 / 181

他其实没那么喜欢你 / 186

青春是一个自修的过程 / 191

真爱你的人，只怕给你不够多 / 198

心灵的救赎，始终要靠自己 / 204

Chapter 6

将心里的沙砾
磨成珍珠

hello，我的贫穷贵公主 / 210

美好当如茶，安静地绽放 / 216

欲戴王冠，必承其重 / 221

真实的高贵，是优于过去的自己 / 227

今天肯受苦，明天才会有路 / 233

茧的存在，是为了蜕变成蝶 / 237

Chapter 1

谁不是一边流泪一边坚强

青春是道明媚的忧伤。我站在岸边,看着组成我整个青春的一个个零散的日日夜夜,像流水一样从眼前以恒定的速度不可挽回地流走。我在河的对岸观望我的青春,看得平静又伤感。

/郭敬明

假如有一天，
生活刁难了你

> 你不能期望周围的每一个人都是你愿意遇见的人，每一件事都能顺从你的想法，就像你不可能永远一睁开眼就能看到阳光，总会有雨雪风霜交替出现。碰上阴天下雨，你也得潮湿地过一段日子。生活的刁难不可怕，怕的是雨还没下起来，你却先浇透了自己。

我在培训学校做市场的时候，跟姑娘L有过短期的合作。

L有一张能说会道的嘴，在岗前培训会上她信誓旦旦地说："在踏进公司的门槛前，我就知道自己要做的是一份有挑战性的工作，要承受很大的压力，还要经常到外地出差，我已经做好了抗挫折、受甘苦的思想准备，也相信只要全力付出，定会有结果。"这一席话，赢得了老板和同事的热烈掌声，我也不由得对这个20岁的姑娘产生了好感。

我们单位既是培训机构，也属于私立学院，针对社会上需要考健身教练、运动营养师的客户，也会面向学校招收一些学生，招生的途径主要是电话销售，对有意向者再面谈。有过这方面工作经验的人都知道，打电话是一门技术活，既考验沟通能力，也考验心理承受能力。

L主要负责湖南地区的学校，由于是全新的市场，一切都要从零开始。L开始还信誓旦旦地说没问题，但在打了几天电话以后，整个人就有点蔫儿了。究其原因：一是口音问题致使沟通受阻；二是经常找不到具体的负责人；三是有些客户说话很难听，当场拒绝还算是好的，开口骂人的事时常发生。

趁着一次午饭时间，我安慰L说："这都是很正常的事，我们平时接到销售的电话，要是赶上心情特差的时候，语气难免也会生硬一些。"L冲我勉强地笑了笑，说："谢谢姐，我没事儿，就是这几天心情不好。"我本以为，L应该很快就能调整过来，顺利度过这个磨合期。可是，时隔不久，我却无意间撞见了这样一幕。

那天是周五，市场部安排下午开会，让L简单布置一下会场，检查一下投影设备。她笑呵呵地接过任务，就去了会议室。L前脚离开办公室，我就接到了一个客户的电话，说L答应给他做一份培训计划，现在客户就想要，不然就得等出差回来了。我连忙到会议室找L，刚走到门口，却听到了这样的声音：

"每天都要打很多电话,耳朵都嗡嗡地响。你不知道,那个人跟神经病一样,我还没开口说话呢,他就疯子一样骂上了!刚想老实待会儿,又让我来收拾会议室,办公室里那么多人,偏偏叫我,还不是挤兑新来的。这个破工作,天天的烦死了……"

我当时愣住了,没想到刚刚还面带笑意的她,竟有这么多的怨气。更让我诧异的是,在人前表现得积极向上的她,实则对这份工作充满了愤懑,以至于说了这么多难听的话,从抱怨客户开始一直骂到工资收入和领导。站在走廊里的我,仿佛看见从会议室里冒出了黑压压的一团怨气。我没敢贸然进去,怕她多心,就赶紧转身离开,快到办公室时给她打了一个电话。

说实话,L遇到的这些问题,几乎是每一个市场人员都会遇到的,可谓是家常便饭。如果部门的人都用这样的方式对待工作里的不顺遂,很难有人能做得长久,做出业绩。

果然,领了当月的工资后,L就提出了辞职。她说,想让家里托人给自己找一份相对稳定的工作,过点轻松的日子。

我当时的心情是复杂的,有理解也有感叹。人往高处走,水往低处流,本是无可厚非的,可她对挫折的畏惧和对吃苦的抵触,让我不免心生担忧。毕竟,无论跳槽到哪儿,从事什么样的工作,有一个道理是永恒的:生活需要的是有能力解决问题、有勇气承担责任、有信心击败困难的勇士,而不是只知寻求呵护与照料的"婴儿"。如果你扮演的是一个责任小、义务轻、半独立、半依赖的角色,那终将会被淹没在人群中,甚至被淘汰出局。

人不经磨炼不成才,事不历坎坷难正果。生命就好似洪水奔流,若是一马平川,水势必然平缓,只有遇到岛屿和暗礁,才能激起美丽的浪花。转念想想,这也是自身价值的一种体现,每个在生活和事业上活出明媚的人,大都是从布满荆棘的那条路上走过来的。

相比之下,我的另一位同事R姐,也是市场部的主管,她的意志力和抗挫力,以及那份豁达乐观的心态,至今都让我深感敬畏。

R姐怀孕六个月的时候,丈夫有了外遇。为了孩子,她想过委曲求全,可内心却有一个声音怎么都不肯妥协。况且,感情也不是单方面的事,丈夫并无悔意,她也就主动提出了离婚。祸不单行的是,就在那一年,她母亲出了车祸,导致身体残疾。身边两个至亲至信的人,几乎同时出了问题,这种痛苦可想而知。所有人都觉得,她肯定撑不住了。

R姐没有悲怜自己,她知道,那样做无济于事。在最艰难的时候,她没有自暴自弃,而是打起了十二分的精神,跟所有的"破事"死磕。后来,她请了保姆,协助父亲一起照顾母亲和孩子，自己在工作上努力打拼。

在我入职的时候，R姐已经熬过了那段最痛苦的日子，成为市场部里业绩最好的中层。那会儿，她的孩子也顺利入托了，母亲在他人的搀扶下也能走路了，一切都慢慢地好了起来。

我问过R姐："那么难受的时候，你能专心工作吗？遇到客户刁难的时候，会不会觉得很委屈，控制不住情绪？"这位外柔内刚的女上司，斩钉截铁地告诉我："生活上已经那么糟了，工作上那点儿委屈算得了什么？"

果然，人对苦难的一次承担，就是自我精神的一次壮大。

记得俞敏洪老师说过，人的生活方式有两种，一种像草，一种像树。像草一样活着，人们可以踩过你，但不会因为你的痛苦而产生痛苦，也不会因为你被踩了而来怜悯你。像树一样活着，即使你现在什么都不是，只要你有树的种子，就算被踩到泥土中间，依然能够汲取泥土的养分成长起来。当你长成参天大树以后，在遥远的地方，人们就能看到你，走近你时，你能给他人一片绿色。

毫无疑问，R姐就是选择像树木一样活着的人。

你不能期望周围的每一个人都是你愿意遇见的人，每一件事都能顺从你的想法，就像你不可能永远一睁开眼就能看到阳光，总会有雨雪风霜交替出现。碰上阴天下雨，你也得潮湿地过一段日子。生活的刁难不可怕，怕的是雨还没下起来，你却先浇透了自己。

　　漫长的人生路上，我们要学会盛下世界，把刁难视为生活的一部分。当你敞开了胸怀，就算偶见一隅阴风浊浪，在阔大的视野里，它们也不过是沧海一粟。有人说过，刁难最初似乎是一种伤害，但每一个被生活刁难过的人，最终都会懂得如何与自己相处，与世界相处，领悟生活有时是一门妥协的艺术。当有一天，你能够坦然接纳生活赋予的所有时，你会明白，刁难也是一种成全，再没有比微笑更通透的活法了。

为发生在
自己身上的事负责

> 所有的痛苦，包括人际的艰涩、感情的创伤、事业的低迷与坎坷，不总是外界与他人的责任，也是我们曾经的选择导致了这样的结果。若肯承认这一事实，意识到自己的问题，从中汲取教训，用恰当的方式去处理，抛弃消极、堕落、怨恨的念头，那么痛苦虽不会戛然而止，但至少可以让我们释怀。

两年前的一天，昔日的同学K火急火燎地给我打电话，说她爸爸进了医院，急需用钱。我和朋友之间向来少有金钱上的瓜葛，但听K的声音已经有些哽咽，在那种情况下，我实在不忍拒绝，毕竟人命关天。

在我的印象里，K一直都是个文静的姑娘，读书的时候我们俩关系很好，她经常给我带水果和零食。她跟我住在同一个区，我想着借钱给她应该不会有太大的问题，所以，跟她通完电话后,我立刻就转了1万块钱过去。

K收到钱后,信誓旦旦地跟我说,只是救急用一下,到年底发了奖金以后,一定会还。我信了,期间也就没追问她。令我没想到的是,一直临近春节,K依然没有动静。我试着打电话给她,不料电话却停机了,QQ和微信留言统统石沉大海,这个人就像从人间蒸发了一样,没有了任何音信。

事情发生后,我心里挺不舒服的,人也有点消沉。我一直拿K当成靠谱的朋友,也并非一定要她即刻还钱,但她承诺年底会还钱,不管是否真的能还上,至少应该打电话给我说一声吧!就算拿不出来,我也不会追着要,但这么不吭不响地玩消失,真的让人难以接受,那感觉就好像被人耍了,被人骗了,很是郁闷。

后来,我才知道,K已经进了朋友圈子里的"黑名单",她跟很多人借过钱,最后都是石沉大海。问及原因,说是跟一个沾染了毒品的男人在一起……听到这个解释时,我大跌眼镜,心想时间真是可怕,能把好好的人变得面目全非,但我同时也死了心,知道这钱肯定是要不回来了。

那个春节,我过得很压抑,心里满是委屈和恼怒。

母亲是个细心的人,看出了我有心事,问我到底发生了什么事。憋了许久的我,把整件事的来龙去脉一股脑全倒了出来。我本以为,母亲会跟我一样生气,却没想到,她非但没有安慰我,还把矛头狠狠地指向了我。

"K是你的高中同学吧?"

"是啊!"

"你对她的家庭情况了解吗?有没有去过她家?"

"上学时去过一两次。"

"这两年你们见面的次数多吗?"

"不是很多。"

"你知道她现在的工作情况吗?"

"不清楚。"

"一问三不知,出手倒挺大方!要是事先动动脑子,向周围人打听一下K的近况,你就不会那么草率了。现在事情搞成这样,你自己是不是也得负点责任呢?"

我没有说话,也实在无话可说。因为是我决定要借给K钱的,也是我没有事先多了解一下情况,错信了K,这又能怪谁呢?

在遭遇痛苦的事情时,我们总是习惯性地秉持一种"受害者心态",把所有的错误归结到外界环境和他人身上,甚至愤世嫉俗、哀叹连连。其实,这是对自我责任的逃避。

所有事情的发生都是我们自己选择的结果,与其浪费时间去沮丧和怨恨,倒不如回过头在自己身上找找原因。当你去抱怨一个人伤害你的时候,你又何尝不是给了他伤害你的机会?

换而言之，不经你的允许，又有谁能够伤到你？

闺密菁菁在19岁那年，飞蛾扑火般地爱上了一个大她10岁的浪子大叔。

在菁菁眼里，放荡不羁的浪子周身散发着特别的魅力，那份阅历赋予的沧桑感，绝非同龄小男生能比拟的。他总会出其不意地打电话给菁菁，淡淡地说一句："没什么事，就是想听听你的声音。"每每这时，电话那端的菁菁，整个心就像掉进了温泉里。

他还很会玩惊喜，总是不经意间出现在菁菁的楼下，开车载她去兜风。他们在烛光摇曳中享受美酒，他盯着她微红的脸，深情地说："你为酒醉，我为你醉。"

台湾作家张晓风说："爱一个人就是横下心来，把自己小小的赌本跟他合起来，向生命的大轮盘去下一番赌注。"在对爱情似懂非懂的年纪，尝到了蜜糖诱惑的菁菁，就在用自己的青春去赌，沉醉在他的怀里，如痴如醉。

菁菁不傻，她知道他是一个浪子，可能随时离自己而去。但爱情是盲目的，让人不由自主地陷入其中，特别是他的言谈举止总能精准无误地击中她心底最柔软的地方。为此，她宁愿要暂时的拥有，不去想以后。

可是，她最怕的画面，终究还是出现了。

那天，浪子大叔抽完半支烟，告诉菁菁："我什么都给不了你，我要走了。"

菁菁无数次地想象过这一天，她以为自己可以潇洒地放他走，送上一句祝福。但毕竟自己只是一个19岁的姑娘，她尚未强大到能对一份迷恋已久的爱收放自如。

这段糊里糊涂、无疾而终的爱情，像一柄有毒的箭刺穿菁菁的心，让她变得神经质。她不停地在网上给浪子留言，质问他为什么不肯留下来，现在何方。然后就是打电话跟我哭诉，说她那么喜欢他，他为什么不肯妥协留下来？她觉得自己很可怜，像是一个被抛弃的孩子，孤独无助。

慢慢的，在思念和不甘的折磨下，菁菁的爱里开始生出恨意。她恨他的出现，恨他说过的话，恨他赢得了她的心，恨他不动声色地离去。知道一切都结束了，菁菁也想忘了他，没想到的是，那浪子大叔却在菁菁刚要迈出回忆时，突然在网上给她留言，或是用陌生的号码打电话给她，然后又开始人间蒸发。反反复复，大概有五六次，菁菁痛不欲生。

她不止一次地在我面前哭成泪人，摇晃着我问："为什么要这么对我？我到底做错什么了？他为什么要这样伤我？"我无法给菁菁一个满意的答案，每个人系在心里的疙瘩只有自己才能解开。

菁菁的解脱，是在一次大病之后。

那是盛夏的清晨，浪子打电话给菁菁，说他路过北京，想约菁菁见面。菁菁那天本就生着病，但见面的诱惑还是让她奋不顾身。正午时分，顶着毒辣的太阳，她倒了三趟公交车，去了他说的地方。可浪子的电话却没有回应，折腾得筋疲力尽的菁菁，带着失落与怨恨回了家，一路上狠狠地掉着眼泪。

第二天，菁菁深感四肢无力，喉咙肿痛，她勉强拖着病体去上课。熬了一天，在回家的路上，她怎么也支撑不住了，干脆瘫坐在路边。偶尔会有路人看她一眼，却没有人上前询问，也没有人知道她的身心有多难受。最后，她还是拨通了家里的电话，妈妈打车来接她。

后来的几天，菁菁是在医院里度过的，打着退烧的吊针，喉咙说不出话，身体的疼痛遮盖了内心所有的悲伤。我去医院看她时，她正一个人在病床上看书，身上透着一股久违了的平静感。

"好点儿了吗，疯丫头？"我问。

"嗯，好多了。"菁菁露出一抹笑。

"出了院，最好继续折腾！"我故意调侃她。

"拉倒吧，我是真长记性了。"菁菁发出大彻大悟的感慨。

她告诉我，经历这场病，自己想明白很多事。

一直以来，她把痛苦归咎于他的无情、他的离开、他的折磨，可如今想来，归根结底还是因为自己的不甘心、不死心。他的一条留言、一个电话就能让自己奋不顾身，允许他在自己的世界里来来回回，若是自己不在乎，又怎会爱得如此卑微和懦弱？

　　说这话时，菁菁和我一起望着窗外的天，天空湛蓝无云。我猜不出她当时在想什么，但那一刻我的心情却很明朗。我知道，这姑娘总算是走出阴霾了。

　　张德芬老师有一段话我非常喜欢："先要为发生在你身上的每一个事情都负起全责，负起全责的意思不是说将错归到自己身上，而是说这件事情既然已经发生了，我用什么方法做到最好。能够这样，就会一步步累积内在力量，成就所要做的事情，变成一个更开心的人。"

　　回顾自己和菁菁的经历，我对这番话感触更深。所有的痛苦，包括人际的艰涩、感情的创伤、事业的低迷与坎坷，不总是外界与他人的责任，也是我们曾经的选择导致了这样的结果。若肯承认这一事实，意识到自己的问题，从中汲取教训，用恰当的方式去处理，抛弃消极、堕落、怨恨的念头，那么痛苦虽不会戛然而止，但至少可以让我们释怀。

谢谢你，
从我的世界中途退场

> 也许，最初会难以释怀，可当穿过所有的伤痛重新启程，我们往往会感激那个中途退场的人，是他的离开让我们有机会重新审视自己，回到属于自己的世界，给了生活更多的可能，还有一个全新的自己。

夏末时节，我到青岛看望阔别已久的大学同学浩然。

他看上去肤色有点黑，大概是长年在外奔波的缘故吧！夜幕降临时，我们在栈桥散步，海浪撞击到岩石上发出哗哗的声音，略带凉意的空气让我不由得裹紧了外衣。

"你离开北京有四年了吧？"我问浩然。

"是啊，过得多快，不知不觉就这么长时间了。"浩然笑道。

"以后还打算再回北京吗？"我试探性地问。

"没想那么多,哪儿有机会就去哪儿!"说这话时,浩然的语气里透出一股洒脱的味道,和当年离开北京时那个满眼阴郁的男生,简直判若两人。

浩然在南方一家大型的能源集团做工程师,常年在外出差,哪儿有项目就去哪儿,四年下来也跑了十几座城市,无论是生活阅历还是工作资历,都比从前高出一大截。

"孙茜结婚了,你知道吗?"我终于抛出了这个敏感话题。

"挺好的呀!总算是安定下来了。"他说得云淡风轻,就像是在给老朋友祝福。

"你心里一点儿都不别扭?"

"别扭什么呢?我还得谢谢她。"

孙茜是我的大学室友,也是浩然的前女友。

大学毕业那年,浩然的父母本打算在南方老家给他找一份安稳的工作,浩然却没有回去。这一切,都只是为了爱情。他和孙茜是在大二那年确立恋爱关系的,孙茜早就跟他说过,毕业后肯定会留在北京,也希望他能留在这个城市。

孙茜平日里就是一个争强好胜的姑娘,也是寝室里最有想法的一个,做事风风火火的。浩然的性格很像水,温润而不失力量,在孙茜火急火燎、情绪暴躁的时候,他总能悄无声息地抚平她的躁动。就是这种不动声色的力量,打动了孙茜,让她放弃了身边诸多的追求者，毅然决定跟浩然在一起。

　　校园里的爱情是纯粹的，没有太多的物质牵绊，一起在食堂里吃顿像样的饭菜，牵手在林荫路上散步，说说对未来的憧憬和向往，生活就如抹了蜜一样甜。可是，离开了象牙塔，走进了人潮汹涌的社会，望见了灯红酒绿中的种种诱惑，爱情也会沾染上"风寒"，变得不如从前那么美丽纯粹。

　　舍弃了老家的安稳工作，浩然正式成了北漂中的一员。他租了一间10平方米的小屋，望着窗外车水马龙的街道和城市里闪烁的霓虹灯，他暗下决心：一定要靠自己的努力，让孙茜过上体面富足的日子。

　　浩然是化工科毕业的，凭借着专业的对口，他去了一家试剂公司上班。公司的规模不大，薪水也不算太高，但至少迈出了第一步，他还是很乐观的，心想着只要努力，不愁没发展。浩然每天早出晚归，晚上还会学习充电，唯有周末才能陪着孙茜一起逛逛街。

　　浩然出生在一个二线城市，虽说家里是中等条件，但第一次跟孙茜去三里屯时，还是被那片灯红酒绿晃昏了头。孙茜非要去一间雅致的西餐厅，说同事和男友来过那家店，东西特别贵，但很有情调。浩然心里不服气，心想不过是一顿饭而已，能贵到什么地步？

　　揣着第一个月的工资，他拉着孙茜走进了那家餐厅。当翻开菜单的那一刻，他就有点后悔了，最普通的一杯饮料竟然也要58块钱。他在心里偷偷地算了一下，这顿饭下来至少要花掉他当月的房租。孙茜看着默不作声的浩然，还有那精致的菜单，表情也变得拘谨起来。侍者在一旁等了半天，大概也看穿了这对年轻人的心思，虽然仍旧彬彬有礼，但语气上还是有了些许的轻慢。

浩然硬着头皮点了两个套餐，两个人默默地吃着，谁也没说话，不经意的眼神对视和尴尬的笑，都掩饰不住彼此心中的不安。那顿饭吃完后，浩然再没了陪孙茜闲逛的心思，他只想快点离开那个繁华却不属于自己的地方。

那件事以后，浩然察觉出孙茜对他的态度似乎淡了许多。她收起了从前说话时撒娇的姿态，也不再一天发十几条短信息汇报遇到的每件事，就算是周末在一起蜗居，她也总是自顾自地玩着手机，沉默得像个路人。

浩然不明白自己做错了什么，试着询问孙茜原因，而她只说工作压力大，不想说话。浩然心里仍有疑虑，但也没有追问，只是小心翼翼地陪在孙茜身边，然后开导自己说："两个人在一起久了，可能就是这样平平淡淡的吧！"

不久后的一天，孙茜跟浩然提起了买房的事，问他家里最多能凑出多少钱交首付。浩然一下子愣住了，他从来没有打算靠父母买房子，况且家里还有弟弟在上学，不太可能掏得出首付的钱,哪怕只是在北京的郊区买一栋最便宜的房子。

他问孙茜,买房的事能不能往后放一放?孙茜沉默了半天,挤出来一句话:"你要是没房子,我怎么说服我爸妈?他们想让我找一个有房子的,你知道我家的情况,根本不可能支援咱们买房。"

浩然理解孙茜的处境,像自己这样没有稳定工作、没有高收入的北漂一抓一大把,如果孙茜还跟自己在一起,结婚恐怕也得先租房子住,至于什么时候才能买得起房子,自己也不敢轻易许诺。浩然紧闭着嘴唇,半天没说话。

孙茜说,在三里屯吃饭的那天,她心里特别难受。当初憧憬和浩然在一起的生活应该是充满情趣的,却没想到一顿昂贵的西餐就让两人落荒而逃。人生的路还那么长,不知道两个人有没有能力继续走下去。说这话的时候,孙茜眼圈红红的,声音也有点哽咽。

那一瞬间,浩然特别恨自己。

几天以后,浩然辞掉了在试剂公司的工作,去了一家房地产公司做业务。当时,北京的房地产正如火如荼,周围净是房产业务员"开张吃半年"的消息,他也想趁机去火热的市场里淘金,说不定做上两年就能赚够首付,还能得到便宜的房源。对他来说,也只有做业务这条路,不用坐等老板给自己加薪,就能以最快的速度实现高薪的目的。

不善言谈的浩然，就这样义无反顾地踏上了销售之路，这是他手里唯一的筹码，也是他为爱情下的最后赌注。可惜，生活总是赤裸裸地露出残酷的一面，给多少满怀热血的年轻人当头一棒，教会他什么是现实。

地产业务远没有浩然想的那么容易做，每天要四处奔波，周末也不得休息。身体上的疲惫他能忍，真正让他痛苦的是不知道怎么拦截客户，怎么跟对手抢单子，更不会当着客户的面虚假报价。辛苦地做了半年，他拿到的还是那微不足道的底薪，他深切地感觉到爱情在渐渐远离，内心的热情和理想也在慢慢散去。

孙茜终于顶不住周围的压力，向浩然说出了"分手"两个字。她听烦了父母的唠叨，看过了一个又一个朋友的婚房，内心的失落感和不平衡抵消了爱情的分量，她也无法说服自己相信和浩然有一个美好的未来。

分手的那天，风和日丽，浩然没有过多地纠缠。他不怪孙茜，毕竟她也真心付出过，即便自己真能在未来的某一天给她想要的生活，也没有权利和资格让她用尽所有的青春去等待，更何况她现在就想看到结果。对这段感情，浩然尽力了，他舍弃了安逸，放低了姿态，选择了不喜欢的工作，一心只想着给别人希望，却在这条路上丢了自己。

浩然离开房地产公司，回归到自己应待的位置，重新投简历找工作。没有了感情的牵绊,他的求职范围也变得广阔了。最终,他锁定了南方的一家能源集团,并顺利通过了面试,之后开始天南海北地跑业务。

我去看望浩然的时候,他刚在青岛落脚,说要待上半年左右。此时的他,已经能够独立带项目组了,再不是那个说话都会脸红的腼腆男生。黝黑的皮肤,爽朗的笑容,自信的心态,让我觉得既熟悉又陌生,但我还是更喜欢现在的他。听他云淡风轻地说起过去,我忽然感觉,这或许是最好的结局。

年轻的时候,总有些爱情让我们奋不顾身,总有些人让我们爱到忘却了自己。当透支了所有的温暖,花光了所有的力气时,不料身边的那个人却轻描淡写地说了一声再见,从我们的世界里悄然离去,空留下一个人的回忆。

也许,最初会难以释怀,可当穿过所有的伤痛重新启程,我们往往会感激那个中途退场的人,是他的离开让我们有机会重新审视自己,回到属于自己的世界,给了生活更多的可能,还有一个全新的自己。

一辈子那么长，
难免会爱错几个人

> 爱错了不要紧，谁能一眼望穿未来的所有呢？但无论如何，不要强迫自己将就。我们要把那一场错爱当成上帝给自己的磨炼，唯有经历了才会成长，唯有挥别错的才能和对的相逢。人只要生存下去，所有伤痛都会在时间的洗刷下变成过眼云烟。

"爱很磨人，也能练人。要等'对的人'的时候，自己可能也不知道怎样才是对的人，只有当那个人出现，你才会知道，他就是那个对的人，他在你生命中出现，是为了圆满你，也让你完善自己。所有你爱过的那些错的人，虽不圆满你，却也完善了你；他是你的磨难，却也是你的磨炼。"看到张小娴的这段话时，我忽地想起了林燕。

刚参加工作那会儿，为了向父母证明自己可以独立生活，我毅然搬到了石景山的一个城中村。就是在那里，我认识了林燕。她长着一张可爱的娃娃脸，身材娇小瘦弱，目光里透出一股温和与善良。单看她这个人，真的以为是刚刚大学毕业奋斗在帝都的小女生，那张脸明明是一副不谙世事的模样，直到房间里一个稚嫩的声音喊出"妈妈"，我才恍悟：原来，她已经是一个5岁女孩的母亲了。

多数的时间里，林燕过得并不怎么开心，这一点单看她老公便能猜出几分：高高瘦瘦，满脸戾气，和林燕站在一起毫无般配感，但他却真的是她的丈夫，孩子的父亲。出租房本就不大，那屋子时常是狼藉一片，门不知道何时瘪进去一个碗口大的坑，地上、床上处处都有争执殴斗过的痕迹。偶尔，深夜还会听见他骂骂咧咧、摔打东西的声音，完全不顾忌周围还有人住着。有那么一两次，我瞥见那个5岁的小女孩躲在墙角抽泣，不时地发抖。

那些场景，我至今想起来依然感到揪心和恐惧。

院子里的人都对林燕一家充满了好奇，想知道这个温婉的女人怎么会跟一个如此粗鲁不堪的男人在一起。有关林燕的事，我还是从房东阿姨那里听说的。

房东阿姨是个热心肠的人，说话慢条斯理的。她总是习惯以母亲的身份和我们相处，我生病的时候，她还从家里给我拿药，送过热粥，那片城中村如今早已经拆迁，但我和房东阿姨依然保持着联系。

房东阿姨也有一个女儿，跟林燕年龄差不多，所以，当看到林燕的处境时，她感慨更深，说："在婚姻这件事上，女孩子真的要谨慎再谨慎，林燕就是当初太小了，一失足成千古恨。多好的一个姑娘啊！"

林燕是安徽人，17岁高中毕业，没有继续读书，就进了当地的一家工厂做女工。在那个小城里，像林燕这么标致的姑娘不多，她也好打扮，自然很惹眼。就是那会儿，她认识了现在的丈夫。那个男人连小学都没读完，虽不是文盲却也差不多。当时，他给工厂跑车，每出差一次就能赚到一些外快。在小城市里，会开车，能赚外快，是一件很有面子的事，也算得上是有本事的人。而且，每次出差回来，他都会给林燕带不少东西，让这个年轻女孩的虚荣心得到了极大的满足。

渐渐地，林燕就喜欢上了这个会讨好人的男人，并开始与之交往。不过，她的父母对这件事却是极力反对，甚至以断绝关系相逼。可谁都知道，当一个情窦初开的女孩动了真感情，死心塌地要跟着一个人的时候，她什么话都听不进去，完全被爱情冲昏了头。在这个男人的花言巧语和物质利益的迷惑下，她不顾家人的威胁反对，匆匆地嫁给了他。

她原以为，自己从此走向了幸福之路，却怎么也没想到，地狱般的生活才刚刚开始。

婚后，丈夫不许林燕出去工作，说自己可以赚钱养家。最初那一年日子倒也太平，她也享受着这份清闲，但很快问题就来了。他每次出车都很辛苦，若是能赚到钱，他就手舞足蹈笑盈盈的；若是没赚到钱，回来就满肚子怨气，从辱骂开始，渐渐发展成出手打人。

若仅仅是脾气不好，也就罢了，更要命的是，他还沾染上了赌博的恶习。没钱的时候，就让林燕出去借，借来的钱全都拿去喝酒、赌博，几乎没再给她买过任何东西。当要债的人找上门时，他却死皮赖脸地说："借钱的事我压根儿就不知道，她借的，你找她要。"

有一回，孩子病了，林燕实在没办法了，就找以前的男同事开口借了几百块钱。没想到，借钱的场景被他看见了，回家后，他竟用倒满了热水的茶杯砸向林燕。她的手臂被烫得起了泡，即便如此，他还是觉得不解气，又抬脚将她踹到了屋外。

遍体鳞伤的林燕，实在不知道该去哪儿；只好硬着头皮回了娘家。见女儿受了这么大的委屈，父母心疼坏了，他们当即决定，让女儿离婚。谁曾想，第二天他就主动找上了门。他的表现和前一天判若两人，对着林燕和岳父母说尽了好话，给自己的行为找了充足的理由："我喝酒了，是我不好，我糊涂了。我真的错了，再给我一次机会吧，我真的会改，以后再也不会出现这样的事了，我保证……"

善良的林燕心软了，信了他的话，以为这样的遭遇会就此停止，他今后定会改正，于是就跟他回了家。期望总是美好的，现实却是残酷的，事实告诉她，他不仅没有改，反而变本加厉。厂里因他经常喝酒辞退了他，失业后的他性情更是暴躁。那两年里，林燕的身上经常是青一块紫一块，脸上也时常挂彩，为了不让父母担心，她不再跑回娘家诉苦。

周围的人都知道林燕家的情况，却也无能为力。没有人知道她在想什么，为何不离开他？偶尔，会有人劝她，可她一声不吭，就跟没听见一样，只是默默地掉眼泪。后来，丈夫带着她和孩子来了北京，跟老乡一起开大车拉货，但吵吵闹闹的日子依然没有结束。

每次丈夫出门拉货大概都要一周左右，这是林燕感觉最轻松的时候。房东阿姨也是在这段时间里，才有机会跟林燕说话，听她诉诉心里的苦。

阿姨是个实在人，问她："想过以后怎么办吗？想过孩子生活在这样的家里，心里会留下什么样的阴影吗？"林燕摇摇头，眼里挂着泪。

我能想象得到，这样一个弱不禁风的女子，从未独自在社会上生存过，宛若一只断了翅膀的天使。她的内心对自由充满了渴望，却不知道自己是否还有机会重回天堂。

直到有一天，我隔壁的出租屋变得异常安静，林燕和孩子带着简单的行李离开了,不知去向。她没有告诉任何人,就这样走了。那男人并未放过她,听说跑回老家去找,结果并未找到。他还给林燕散播谣言,说她与人跑了,她借的钱都是他在还,她对不起他。不久后,那男人也离开了出租屋,从此再没见过他。

我在城中村住了近四年,直至拆迁。临近搬走时,听房东阿姨说,林燕给她打过电话。

林燕曾以为用善良和包容就能保住自己的家,唤回丈夫的良知,但后来总算明白,对不懂珍惜、不值得的人来说,所有的退让都被认为是软弱和无能。她的心彻底被伤透了,也不愿再继续那千疮百孔的婚姻了。她先是投奔了在江苏的姑妈,后找了一份工作,孩子也入学了。再后来,她回到家乡,通过法律程序办理了离婚手续。那一场痛苦的婚姻,永远地成为了过去,而她也终于在疼过之后,蜕变成了全新的自己。

人生是由一串串选择堆砌的,我们永远不知道,一个选择会对应着怎样的结果。在爱情里,最怕的就是遭遇错爱,它会给我们带来太多的不甘心和委屈。事实上,果断放弃这一切,重新开始新生活是最难的。回想林燕最初的那些沉默,想必也是在心里苦苦地做着挣扎吧!所幸,她还是想通了,选择了放手。

爱错了不要紧，谁能一眼望穿未来的所有呢？但无论如何，不要强迫自己将就。我们要把那一场错爱当成上帝给自己的磨炼，唯有经历了才会成长，唯有挥别错的才能和对的相逢。人只要生存下去，所有伤痛都会在时间的洗刷下变成过眼云烟。

现在的你，也许还不敢相信，但终有一天，当过往的一切在你心里慢慢沉淀后，再回想起曾经的一幕幕，你会摇摇头，淡淡地说一句"当时真傻"。那些刺痛你的过往，已像酒一般慢慢稀释在岁月里，将曾经的苦涩变为醇香。

痛点是
一颗觉醒的种子

> 美好的自己，美好的生活，本就是靠努力争取才能得到。所有的痛点和泪点，都是为这个梦想所付出的代价。青春是那么可贵，不该沉沦堕落，向生活低头，而应该秀出自己本该有的光芒，才不辜负人生的大好时光。

工作量超负荷的那一年，我的体重一度到了150斤，整个人看起来像个球，走路都觉得笨重了许多。从小到大，我一直很享受身体的轻盈感，从未想过有一天，竟然会被归到"胖子"的队伍中。

最痛苦的还不是身体的沉重，而是心理上的烦躁。每当熟人看到我，总会用不解的目光审视我，然后惊讶地说一句："呵，你现在够胖的呀！"说真的，每次听到这句话，心里都不是滋味。倒不是在意别人的眼光和评议,而是心里萌生出了一种无力感和愤怒感——我控制不住自己的嘴,明明不想再拖着沉重的身体,冒着危害健康的风险,却还是忍不住去抓各种甜食。

我被压力缠绕着,越是烦躁越是想吃东西,塞进胃里又开始后悔,涌出内疚与自责。很多衣服都穿不进去了,即便勉强能塞进去,也是紧紧绷绷的,既难看又不舒服。买衣服时失去了自由选择的权利,看上哪一件先要问有没有自己穿的号,有些中意的衣服看起来很美,穿在自己身上就走了样。每次亲友聚会,熟络的人总会调侃我一番。夜深人静赶稿子,一边写一边往嘴里送蛋糕,临睡时胃胀得难受,身体仿佛有千斤重。

很不喜欢那种感觉,可就像是掉进了一个怪圈,压力越大,吃得越多,只有吃东西的时候才觉得踏实。我的脑子里隐约有个想法:"反正已经这样了,吃不吃也一样胖。"

许多时候,无力感和愤怒感就是这样来的:心里明明清楚自己的痛点在哪儿,却总是一味地逃避,不愿意正视,继续着不喜欢的一切,拖着一个不喜欢的自己。

后来的一天,我在微信上跟表妹唠叨,说自己身体笨重很不舒服,暴饮暴食的问题愈发严重。我自暴自弃地说:"这辈子我恐怕都得这样了,瘦不下去了。"表妹只回了一句:"你要真这么想,那你就真的瘦不下去了。"就是这句话,在那个闷热的午后，如冷水般浇醒了我。

世间有两种痛会刺激到我们麻痹的神经，一种是伤害，一种是改变。我不停地在用伤害折磨自己，却从未想过开启改变的模式。

放下手机后，我赌气把眼前所有的零食都丢掉了，开始认真地给自己制定食谱，然后就跟着电脑视频，跳了40分钟的健身操，大汗淋漓。真的很奇妙，好像所有的坏情绪，所有的烦恼和压力，都随着张开的毛孔跑出去了。整个人不再那么萎靡沮丧，心里好像生出了希望，仿佛瞥见了一个朦胧的身影，那就是我所喜欢的自己。

接下来的两个月里，我按照少食多餐、多素少荤、控制热量的方式进食，坚持每天1小时的有氧锻炼，我从最初的疲累和强迫，到最后竟逐渐喜欢上了这样的生活方式。我的体重，也很快从150斤降到了130斤，尽管看起来还有些微胖，但整个人的状态却不一样了。

我这才意识到，从前的烦恼不完全是体重带给我的，更多的是我不喜欢那个状态下的自己，这些东西借助体重的改变被外人窥视到了，当他们的言语戳中了我的痛点，而我却对自己无能为力的时候，我才感觉到那么痛苦，那么焦躁。

这样的经历，我相信很多人都曾有过。

不久前，一个女孩给我留言说，明知道已经到了考研的冲刺阶段，也想有个好结果，每天却还是抱着手机不停地刷，一旦有人问起考研的事，心里就烦得不行。我相信，她真正烦的不是别人的询问，而是那个浑浑噩噩、拖延不止的自己，那才是她内心真正的痛点。

我告诉她，一天之内不要碰手机，拿起书本，专注地去复习，只要一天就好，你的焦躁不安就会减少一大半。果不其然，她试了，并告诉我，自己心里踏实多了。

我也不喜欢肆意放纵的自己，我想要的是在自由中保持自律的节奏，能够控制自己的情绪，用恰当的方式缓解精神上的压力。当我试着扔掉零食，重建健康的生活方式后，现在我的体重已顺利掉下去40斤，且再没有了暴饮暴食的欲望，身心感觉好了很多。

当一件事情、一番话语刺痛了我们那根敏感的神经时，其实是我们的内心已经有了觉知，若肯完全抛弃懦弱的外衣，正视痛点的存在，决意用行动去改变，这个痛点往往就能转化成力量，带来美好和惊喜。

读高三的时候，班里有一个复读生。他原是上一届的尖子生，一向成绩优秀的他，却在高考时发挥失常，与自己心仪的大学擦肩而过。他总觉得这是命运的捉弄，那个成绩向来不如他的好友，却以超出录取分数线20分的成绩，迈进了高校大门。

性格倔强的他，说什么也不愿意复读，想靠自己的双手到外面打拼出一片天。但父母不同意，硬给他报了名，强迫他复读。结果，人是进了学校，可心气儿却大不如从前，他所有的斗志都跟随那场失败的高考消逝了。

他不再认真地复习，每天游手好闲，浑浑噩噩。他的座位经常是空的，他不是去外面打台球，就是泡网吧，一个学期下来，他就成了学校里的"知名"人物。班主任软硬兼施地开导他，父母也如是，可他就像是丢了心一样，好话歹话都不起作用。到后来，老师也懒得说了，干脆就让他"自生自灭"了。

到了第一次模拟考试时，老师给所有人发了卷子，唯独没有他的。他起身向老师要，老师头也没抬，淡淡地说："哦，卷子印得少了，缺了一份。"他脸上露出了一丝愤怒，质问老师："为什么别人都有，偏偏没有我的？缺了一份卷子，凭什么非得是我没有，而不是别人？"

老师有点吃惊，抬起了头，当着所有人的面说："你这种人，不但浪费自己的青春，还浪费父母的血汗钱。你说为什么没有你的卷子，在座的所有人，都在乎那份卷子，而你呢？我在你身上只看到了一点，那就是你什么都不在乎，谁的话你都听不进去，无可救药了！"

老师的话如同一根根箭，狠狠地戳入他的胸膛。这么久以来，总算有人当面戳中了他的痛点，他就是一个懦夫，用满不在乎的言行去掩盖害怕再次失败的事实。他心里某一处紧绷的弦，在那一瞬间松动了，他没有带着愤恨冲出教室，而是出其不意地跟老师说了一声"谢谢"，然后悄然坐下，拿起了手中的复习资料。

第二年，他考出了我们这一届最高的分数。毕业前的聚会上，我问他："你怎么就突然想通了？"他淡然一笑，说："还记得那个说话最狠的老师吗？就是她成就了我！她当着全班同学的面羞辱我，让我颜面扫地，我特别不甘心，觉得自己不该活得那么狼狈不堪。然后，心里突然有了一股劲，就走到了现在。"

美好的自己，美好的生活，本就是靠努力争取才能得到。所有的痛点和泪点，都是为这个梦想所付出的代价。青春是那么可贵，不该沉沦堕落，向生活低头，而应该秀出自己本该有的光芒，才不辜负人生的大好时光。

试着去习惯
任何人的渐行渐远

> 我总算懂得,每个人都渴望追随那些充满正能量的美好的人,但生活更需要的是,从内至外让自己具备这样的力量。只有经历了种种坎坷,穿过逆流与险滩,才能与最美好的自己不期而遇,成为自己想成为的人,创造属于自己的甜美安稳生活。

人生路上总会遇见一些温暖的人,如盛世里的烟火,在我们的生命中绽放,姹紫嫣红,热闹非凡。也许时间很短暂,却灿烂得足以令我们用一生来怀恋。

遇见S君,是在2006年的初秋。

当时,他正在武汉上学,我在北京,我们都即将毕业,两人一直靠博客上的文字沟通交流。虽然天南海北地相隔着,但彼此的处境却差不多,都面临着融入新环境、开始新生活的考验。几乎每天他都会留言给我，说说自己的心情，问问我找工作的情况，我是满腹委屈、哀长叹短，他虽然过得也不是那么开心，但总是在用积极的姿态鼓励着我，说一些安慰人的话。

那会儿，我特别想到杂志社谋一份差事，可面试了N多家，跑遍了北京的各个城区，就是没人赏脸给我一次机会。我心里很憋屈，总觉得是自己运气不好，现在回想起来倒也能理解，哪个单位都不愿意花费大量的时间、精力和财力去培训新人，担心费了半天力气，最后还是给他人做了嫁衣。

话说回来，此一时彼一时。我只知道，一个初出茅庐、内心对文字工作充满渴望、读了一摞又一摞书、满脑子都是理想的女孩，在被拒绝了N多次，就快要无法靠自己生活下去的时候，内心有多么煎熬！更糟糕的是，那时的我刚跟大学相恋的男友分手，失恋的痛苦，求职的无望，让我不由得开始怀疑自己、怀疑生活，深陷在自卑与绝望中。

某周六的早上，我去石景山图书馆里看书。刚坐下，突然就想掉眼泪，我发信息给S君，说："其实，我一直很自卑，还不想让别人看到。"很快，手机里就呈现了一行字，说："没关系，自卑的心理很多人都有，你并不差。"

也许是受到了鼓舞，也许是我转换了求职方向，很快，我就在石景山附近的一家培训学校找到了工作，尽管不是做自己喜欢的文字工作，但至少能够坦然地告诉父母，我有工作了，我能独立养活自己了。

我和S君经常会谈起理想。我说，以后就想做一个自由撰稿人，有空的时候多看看外面的世界，把所见所感用键盘敲下来，化成一段段的文字。他说，他希望毕业时能拿到双学位，到美国读心理学，在这一领域有所建树。我们还约定，十年为期，一起努力。

梦想真的是一件很好的东西，如同静立的路灯，照亮前行的道路，点亮孤妄的青春，让频率相同的灵魂不再孤单。若问生命里最值得感激的人，无论什么时候，S君在我心里都占据着重要的位置，于生活来说他是友，于心灵来说他是师。

我在培训学校工作了两年后，一次偶然的机会，我借助自己写的一篇文章，进入了出版界一家知名的图书公司。得到了一份喜欢的工作，按理说应该是一件高兴的事，满心欢喜去做才是真的，但事实恰恰相反，那段时间成了我最挣扎、最煎熬的一段职场岁月。

那时候的我，对图书出版一窍不通：不知道书的尺寸开本，不知道印刷用什么纸，封面用什么工艺，看不出设计师做的封面有什么问题，对排版也没有自己的想法，写的封面文案被主任批得狗血淋头，苦思冥想一个月也想不出好书名……我的自信心被打击得一塌糊涂，平生第一次对工作有了抵触感。

记得那天，我加班到晚上8点多，坐上地铁时人已经没那么多了。轻轻摇晃的车厢,把我使劲往回憋的眼泪震了出来,我给S君发了一条信息:"我觉得自己太失败了,再好的机会摆在我跟前,我也抓不住。"

S君回复说:"有些事情,总是想象中很美,真正接触到了才发现可能并不是你想要的。你先别急着否定自己,冷静下来想想,什么才是你最擅长的?我相信,总会有一件事,让你做起来充满自信,找到自己的价值。"

在开始人生新阶段的时候,不确定感总会如影随形,我们都会因此战战兢兢、莫名焦虑。这种不安不是因为做错了什么,而是因为正在学习新东西。我克服了这种不安和恐惧,在磕磕绊绊中做出了两本书,基本上了解了出版的流程,且两本书上市后的销量还不错。可即便如此,我的内心还是没有成就感和喜悦感。

一次,我在编辑室跟一个同事聊天。我说:"相比盯着书的流程,还不如让我写点东西呢!"同事一边干活,一边轻描淡写地说:"要真是那样,你还不如当作者。"

这句不经意的话,以及之前S君给我发的信息,让我突然意识到:我只有在写字的时候,才能彻底地沉浸其中,我享受的是用文字来倾诉,而不是给文字做嫁衣。就是从那时起,我彻底告别了"编辑梦",离开了那家知名的图书公司。

得知我辞职后,S君安慰我说:"别急着去找工作,你应该先调整好自己的心态和状态。看你博客里的配图,全是灰黑色的基调,还自称'躲在角落里的灰姑娘'。你干吗要做灰姑娘呀?谁说你是灰姑娘了?看看茱莉亚·罗伯茨的《永不妥协》,还有安妮·海瑟薇的《公主日记》,你跟她们一样,也是最棒的!"

看到那番话时,我潸然泪下。在偌大的城市里独立生存,还有什么比信任和鼓励更温暖呢?有S君这盏心灵的明灯照耀着,我的工作和生活在不疾不徐中步入了正轨,而他也在通往梦想的路上奔跑着。

后来,我去了一家图书工作室做文字编辑。人一旦找到了自己喜欢的事,热情就会源源不断地涌出。当我全身心沉浸在工作中时,S君也开始接受GRE(美国研究生入学考试)和托福的轮番折磨,我们联络的次数少了,都在专注地追寻着自己想要的生活。

我和S君的最后一次见面,是他考完所有科目,坐等通知的时候。心急如焚的他,还专程来北京的卧佛寺烧香拜佛。功夫不负有心人,他顺利考上了卡内基·梅隆大学的心理系。他跟我说,等去了美国,可以视频帮我练口语,让我不要放弃自己想做的事。

三个月后,S君去了美国。由于时差和课业的繁忙,他很少再上博客,QQ也不常上了,再不能第一时间回复我的信息,给我宽慰和鼓励。唯一的信息联络，也就是微博上的只言片语。后来，就算偶尔在网上碰见，似乎也不如从前那么熟络了，言语间有了一种疏离感，只是客套地打个招呼，询问近况。

我终于明白，生命的旅途就是这样，有些人只能陪伴你走过一段路，之后便只能各自收拾起行囊，奔向不同的目的地。在每个阶段的生活圈子里，都会有不同的朋友出现，随着生活圈子的变更，就会有一些朋友逐渐变得陌生，直至退场，成为"阶段性"朋友。

当S君在我生活中出现的频率愈来愈低的时候，我心里就会有一种空落落的感觉。沮丧的时候，再没有人安慰我说"你是最棒的""你不是灰姑娘"，我只能自己鼓励自己。最初的时候很难，就像习惯了有拐杖的支撑，突然要完全靠双脚来走路，总会有点儿害怕和趔趄，但是没有办法，你必须硬着头皮走下去。

在独自行走中，我慢慢体会到生活的悲喜交加，快乐来临的时候我尽情享受，烦恼来袭时我理性地解决，扛不住的时候自己给自己打气。我总算懂得，每个人都渴望追随那些充满正能量的美好的人，但生活更需要的是，从内至外让自己具备这样的力量。只有经历了种种坎坷，穿过逆流与险滩，才能与最美好的自己不期而遇，成为自己想成为的人，创造属于自己的甜美安稳生活。

　　曾经和S君说过的"十年为期",一晃就到了,现在的我已成了自由撰稿人,他也在美国从事着喜欢的工作,花开两朵,天各一方。我们成了彼此昔日的友人,但无论何时想起S君,还有在相互搀扶中走过的那段岁月,我都会心生感激和欢喜。

　　S君,谢谢你来过我的世界,照亮了我那颗曾经晦暗的心,也谢谢你与我渐行渐远,让我靠自己的力量找到了生命的支点。

人生终究
还得靠自己成全

> 傻傻地等别人送你玫瑰,倘若这一生遇不到那个浪漫的人,就要放弃花香吗?傻傻地盼着有人带你去见识世界,倘若身边的人未曾如你所愿,就要关闭内心的向往吗?想要什么,想做什么,何必去等别人成全呢?天长地久的安全感,从不被辜负的小心愿,唯有自己才给得起。

我在微信里收藏了一篇关于张幼仪的文章,看了四五遍,却仍然舍不得删。

文中的点睛之笔,精彩得震撼人心:"如果没有徐志摩,张幼仪或许就是在家相夫教子的贤妻良母,因为遇见了他,张幼仪被命运推到风口浪尖,让伤口长出人生的红硕的花朵,名利双收,儿孙绕膝,只是,这样的成长,这样的功成名就,是最初的她,15岁的她,想要的人生吗?她不过是憋着一口气,要与他定格的世界较量，这是自信，也是彪悍。所以，她才能成全自己。"

其实，何止是张幼仪如此呢？每个人的人生，终究都要靠自己成全。当你把希望寄托于他人的时候，是没有丝毫主动权的，所有的情绪和感受都被捆在他人的身上，患得患失，慌里慌张。靠自己成全却不一样，你可以驾驭自己的节奏，这份成全来得踏实，来得自由，来得有底气，鲜少有失望。

我曾在《你给我爱情就好，面包我自己买》这篇文章里，写到过暖暖的故事。因为与男友分手时，被追要6000块钱，暖暖觉得很心寒，下定决心要靠自己努力赚钱。结果，这一情节引起了一些读者的不满，说欠债还钱天经地义，暖暖分明是想赖账。

暖暖不是贪图便宜的人，这一点我始终相信。她比男友先工作一年，赚1200块钱的时候，舍得花掉三分之一给男友买衣服。男友后来毕业搬到暖暖的住处，房租也是暖暖在支付。即便在失业期间，她花的也是自己的钱。若不是父亲开车撞了人，要给对方赔偿款，她为了凑够3万块钱，是断断不会开口跟男友借钱的。

后来之所以选择分手，是因为两个人的价值观完全不同，无法磨合。漂泊在繁华的都市，暖暖无比渴望拥有一个属于自己的家，结束租房的日子。只是，那时的她力量太过微弱，不足以支撑这个夙愿。见证了两三个闺密的婚礼,眼看着她们走进幸福,在城市里安了家,身心有了依靠,她内心的渴望就变得更加强烈。

她跟男友提过:"我们是不是也要考虑买房的事了?"贪图享乐的男友,手移动着鼠标,玩着WOW(《魔兽世界》),眼皮抬也不抬,回了一句:"不想买,背负那么大压力干吗?我家里有房子啊!"说这话时,他根本没察觉出暖暖的焦虑不安,更体会不到她当时有多么缺乏安全感。

暖暖默不作声。对,男友家里是有房子,一栋三层的小楼,可他的家远在千里之外。她想要的,是在北京这座城市里有一个属于自己的家。她不要坐享其成,只求为了共同的目标一起努力。当她听到周围有男同事说,总不能一辈子让"人家"住在出租屋里时,她真的很羡慕那个"人家",至少有人愿意和她一起打拼出一个家。

暖暖要的是婚姻和家,他想的是舒适和潇洒。她的心总是沉沉的,他却每天沉浸在游戏中,玩得不亦乐乎。他辞掉工作后的四个月里,每天去泡网吧,暖暖下班连一顿热乎的饭也吃不上,这样的情景让她猜想不出未来的样子,甚至已经没有了憧憬的欲望。

暖暖做了很长时间的思想斗争,才跟男友说想分开一段时间,好好地思考一下要不要继续这段感情。毕竟,两人在一起五年了，果断分手并不容易。暖暖没有让男友搬走，而是自己去找了房子。支付了押金和三个月的房租后，手里已经没什么钱了。就在这个时候，男友提出让暖暖还钱，她心里是很难过的，不是不想还钱，而是在处理感情和心情的时候，突然提到了钱，总不免会生出一种人心凉薄之感。

　　我在文章中写道，暖暖第二天就把钱还给了男友，但我并未提及她从我这里借了1000块钱。而后，暖暖决意分手，她不想再将自己的青春耗费下去，也发誓一定要努力赚钱，再不想如此狼狈。

　　后来，北京的房价一路飙升，周围很多人在跟暖暖提起恋爱的事时，都会好心提醒："你现在条件也不差，找个有房子的吧！"她总是应和着说："对，有三居室的，我才跟他握握手。"

　　其实，暖暖的心里早有自己的想法。

　　当她靠着自己的努力混到了年薪10万的时候，她在郊区一个并不算繁华的地方，贷款买了一套40平方米的一居室。那会儿的房价还不算太贵，总价也就30万左右。尽管此后每个月她都必须拿出一部分享受生活的钱来还月供，但她心里很踏实。因为她不确定，下一个遇见的人，是否会愿意和她一起去完成买房的心愿，如今靠自己赚来了一个小窝，那份安全感和骄傲感，却是任何人也夺不走的。

对于暖暖的心情，以及在她身上发生的一切，我特别理解。因为，我也曾有过与之相似的经历，虽然那个心愿并不是房子。

读大一那年，电视剧《好想好想谈恋爱》首播，我和室友们围坐在宿舍里翘首以待，而后迷得神魂颠倒。至今，我依然清晰地记得里面的许多片段，随口拈来几句经典的台词。印象最深刻的，是四个渴望恋爱却在情路上历经坎坷的女子，不约而同地去了大理，各自享受着一个人的美食与祈祷，耳边响起的是许巍的歌声："没有什么能够阻挡，你对自由的向往。"

不知是感性使然，还是对外界充满好奇，恰恰就是从那时起，我的内心产生了一种对旅行的渴望。更确切地说，是我想去云南。时隔多年，再回想当时的心情，"云南"不过是对自由的渴望，不是真的想去看什么，只是想去感受走在路上的心情。

我知道，对很多人来说，这样的心愿不足挂齿。借助假期，买张车票，一切都能搞定。但对我来说，当时的经济条件不允许，且自己的内心很怯懦。我对外界充满了向往，但也充满了恐慌；我渴望做太多的事，却始终拿不出勇气。

所以，我选择等待一个人出现，等他给我勇气，陪我一同启航。

那种感觉，就像流传在微博里的段子："我喜欢成熟的男生,大概是因为我感冒他能带我去医院照顾我,我肚子饿他能二话不说带我去吃饭,他能给我十足的安全感,他有上进心会赚钱养家,他答应我的事能说到做到,会包容我的坏脾气和无理取闹,不管去哪里做什么都不用我操心,安心跟着他走就行,而不是跟幼稚的小孩那样……"

那是18岁的我,对另一半的设想,对理想生活的寄托。

临近大三的时候,我认识了前男友轩。那一场恋爱,谈到青春就剩下了一个尾巴,我和他还是分道扬镳了。而那个关于去云南的心愿,却还是搁置在心里。我依旧和18岁那年的自己一样,胆小怯懦,满心幻想着一个又一个的梦,脚下却不曾挪动半步。

现在我经常觉得,那几年的美好时光真的是浪费了,并为此略感遗憾。那时的我,还不曾意识到,坚硬的翅膀其实都是在摔倒的地方长出来的。

2013年春,一个朋友突然离世,看着电脑屏幕上那个再也不会亮起的QQ头像,我如同万箭穿心。那天,我在房间里憋了整整一天,连饭也没有吃。我深感生命的脆弱,也突然觉得很多事情等不起了。

几天以后,我踏上了去云南的旅途,一个人。

从北京一路软卧到昆明,晃晃荡荡一路向南的感觉,很美妙。我去云南大学重温了校园的美好,去翠湖公园看当地人晨练,在滇池的缆车上听"其实,一个人的生活也不算太坏"(注:歌曲《爱情有什么道理》的第一句歌词)。晚上坐火车奔向大理,认识了三两个驴友,一起环洱海骑车。至今我依然怀念大理的云朵,站在苍山的脚下,抬头仰望,那云朵就像触手可摸的棉花糖。

后来,我在大理跟青旅客栈的几个姑娘一起包车,到了双廊。那真是一个美丽的小渔村,我坐在榕驿客栈旁边的小店里,寄出了两张明信片,一张给闺密,一张给我自己。那张明信片至今还在我的抽屉里,上面写着:"希望今后的每一天,你都能想起这一刻的自己,那么勇敢,那么明媚。"

离开大理后,我去了丽江。商业气息已经有些浓烈的丽江,让我逛了几个钟头就觉得有些乏了。然后,我去了束河,在那里留宿。晚上的时候,一个人去了离青旅最近的酒吧,尽管不胜酒力,却还是小酌了一杯。周围有许多的情侣,但独自小酌的那份惬意,却让我觉得,比恋爱来得更美妙。

早听说丽江有一个纯玩俱乐部。从束河回到丽江,我就找到了那家俱乐部,报了去泸沽湖的团,包吃住和车程,省心。看了山路十八弯,去小落水拜访摩梭人家,划船游泸沽湖,到草海走婚桥。从前在脑海里幻想的画面,全都一一实现了。

为期十几天的旅行,我没有更新过微博、微信,也没有上过QQ,纯属自娱自乐,完全沉浸于其中。当我从丽江乘车返回昆明，坐在候车室里静候时，耳边忽然响起了许巍的歌声："没有什么能够阻挡，你对自由的向往……"我的心一阵悸动，为自己感动。

我发短信给闺密，告诉她我完成了去云南的心愿，是独自上路的。我能想象出她震惊的样子，因为回复的信息里，有一连串的"啊"和"！"，她说："这真像是一场八年抗战啊！恭喜你，胜利了！"

去云南的这个心愿，我等了整整八年，最终却还是一个人上路了。这就是一场我与自己的较量，战胜了内心的怯懦与不自信，战胜了对所有人的依赖。将来还有多少路要独自去走，还有多少事要独自完成，我无法预料，但这件事却给了我莫大的自信和勇气。

安妮宝贝曾经写过这样的心声："为何要在茫茫人海寻找灵魂唯一之伴侣，自己是唯一伴侣，他人不过是路边风景，就如你坐在火车上，看得到风景在出现，消失，又出现，一直此起彼伏，那是因为你在前进。你只能带着自己去旅行。对他人，可以善待，珍重，但无须寄予厚望。没有人可以解决我们的内心。"

傻傻地等别人送你玫瑰，倘若这一生遇不到那个浪漫的人，就要放弃花香吗？傻傻地盼着有人带你去见识世界，倘若身边的人未曾如你所愿，就要关闭内心的向往吗？素黑说："自爱，无须等待。"想要什么，想做什么，何必去等别人成全呢？天长地久的安全感，从不被辜负的小心愿，唯有自己才给得起。

Chapter 2

总要腾空双手，
才能接住美好

有时失去不是忧伤，而是一种美丽。

/村上春树

所有失去的，
都会以另一种方式归来

> 也许，上帝让我们遇到对的人之前，总会安排一些错的人，这样才会在遇到对的人时心怀感激。从前那些美丽的错过并非惩罚，只因上天想要给我们更好的。

薇薇的婚礼，是在东华门的木棉酒店举行的。算起来，我出席过的婚礼大大小小有二十几场，可唯独那一场婚礼让我至今想起仍然感动。婚礼的排场并不大，他们只请了亲人和最要好的朋友，但每一个环节都很精致，不落俗套。

事后，我问薇薇是哪家婚庆的杰作。她说，是她和爱人一起设计的。

关于薇薇的爱人，我早有耳闻，但直到婚礼当天才见到英雄真面目，果然是一个沉稳不失帅气的男人。想起薇薇的感情经历，我的脑海里回响起约翰·肖尔斯在《许愿树》里说的那句话:"没有不可治愈的伤痛,没有不能结束的沉沦,所有失去的,会以另一种方式归来。"

很多时候,我们在某一件事情、某一个人身上失去的,往往会在将来的某一天,以另一种方式回来,就好像为曾经受过的伤、流过的泪,做一次彻底的补偿。

依稀记得,高中毕业的离别会上,薇薇哭得像个泪人儿。一向努力好学的她,名落孙山,与她梦寐以求的医科大学失之交臂。借助离别的情绪,还有酒精的作用,她释放了压抑在心里的痛苦,抱着我号啕大哭。她觉得命运待自己不公,一直坚信付出就会有好结果,但现实却用残酷给了她一记响亮的耳光,嘲笑她的天真。

其实,薇薇哭得那么狠,不全是因为没考上医科大学。

聚会散了后,她偷偷跟我说:"苏,我喜欢F。"F是我们上届的尖子生,以580分的成绩考进了首都医科大学,在我们那所不算太好的高中里,也算是轰动一时。我怎么也没想到,薇薇的所有努力,竟然是为了想去医科大学找那个学霸。

现在想来,青春时代的故事,往往都有惊人的相似处。2013年,电影《致我们终将逝去的青春》上映,主人公的名字恰好带个"薇"字,努力考大学也是为了心中的男神。看完电影后,我第一时间给薇薇打了电话,提醒她"必须看"。

话锋转回。那一场哭泣,是薇薇对懵懂爱情所做的一次诀别和祭奠。

9月初，薇薇拖着大大的行李，去了山西的一所普通大学，弃医从文了。她上了火车以后，给我发了一条信息，很伤感："我想开了。就算我去了医科大，结局或许也跟现在一样。有些人注定只是用来怀念的，无论跟他同校，还是相隔甚远，我们之间都隔着万水千山，有着长长的距离，就像岛屿与岛屿，只能遥望。"

后来我才知道，薇薇是从别人口中得知，F与他高中时的一个女同学恋爱了。那个女孩子，一直是他心仪的人，那女孩也在医科大学，学的是高护专业。对18岁的薇薇来说，学业上不如意，感情上输得彻底，那简直就是天塌地陷，也难怪她会说出那么绝望的话。

上了大学以后，和薇薇的联系逐渐少了，只是经常会在QQ上看到她更换签名，字字句句都透着一股消沉。走进陌生的校园，她变得安静而沉默，经常独来独往。许多话不知该如何倾诉，也不知该向谁倾诉，总觉得自己像落单的候鸟。所有她喜欢的，她想要的，统统离她而去，一向怀旧的薇薇，短期内无法排解内心的苦闷。

这样的日子，薇薇浑浑噩噩地过了两年。

文学院的课程不是那么辛苦，她每天唯一的嗜好就是抱着一本又一本的书，躲在安静的角落里独享，把所有的心情写成一段一段的文字。一次，她在图书馆碰到了恺，就是她现在的爱人。当时，恺坐在薇薇旁边，瞥见了她写的文字，就给她留了一张便条："很喜欢你的文字，愿不愿意尝试写点东西发表？"下面留了他的名字、电话、QQ号码。

薇薇跟我讲起这件事情时，眼神里依然流露出不可思议："我真的有点受宠若惊。唐突地给一个陌生人打电话，想起来就让我紧张，所以我还是习惯性地加了他的QQ。我才知道，他是文学社的社长，还是校学生会副主席。我把以往写过的几篇自认为还算过得去的文章发给他，没想到，数日后竟然被刊登在校报上。那种感觉，怪怪的，却也给我带来了丝丝的快乐。那是我进入大学后，第一次发自内心的喜悦。"

之后，薇薇在学校的咖啡厅跟恺见了面。他和薇薇想象得不太一样，她总觉得，这男生应该书生气很浓，却不料他长得那么阳光，笑起来时脸上还带着一对浅浅的酒窝。那笑容，似曾相识。薇薇突然觉得，心里得到了一种莫大的安慰。

恺提议，让薇薇写一些短篇的散文和小说，说他哥哥在杂志社工作，长期需要此类稿件，若写得好，将来还可以尝试做专栏。原本，写写字只是薇薇无聊时的消遣，没想到还有机会开辟出另一番天地。那个下午，他们天南海北地聊着，在他面前，薇薇的语言神经一点都不迟钝，竟也能滔滔不绝。

这个世界上，没有生来孤独的人，只是没有遇到合适的伴儿。恰如《刺猬的优雅》里所说:"我们都是孤独的刺猬,只有频率相同的人,才能看见彼此内心深处不为人知的优雅。我相信这世上一定有一个能感受到自己的人,那人未必是恋人,他可能是任何人,就像电影中的忘年之交:荷妮与芭洛玛。在偌大的世界中,我们会因为这份珍贵的懂得而不再孤独。"

大学的后两年,恺帮了薇薇不少忙,从学业上到创作上,还有心态和生活方式上。他宛若一个和善的导师,小心翼翼地引导着薇薇慢慢前行,逃离过去那个封闭的世界,让心里的阴霾渐渐消散。那场青春时代痛彻心扉的伤离别,已化作成长岁月里的背景音乐和装饰物,在薇薇心里永远地静止了。一切都那么顺理成章,自然而然。

临近毕业时,恺成了薇薇的男友。他们一起回了北京,恺在一家外企做业务,薇薇在一家广告公司做文案。说来惭愧,由于我和薇薇住在不同的区,相距较远,自她回来后,我们也只单独见过一次面。就是那次见面,她告诉我,已有结婚的打算。

在那场精致的婚礼上,薇薇和恺完成了人生中的一项重要使命。听他们宣读爱情誓言时,我激动得热泪盈眶。曾经,薇薇错过了那么多,与理想失之交臂,与喜欢的人分道扬镳,怨恨上天没有给她想要的,一度怀疑自己不够好,不配拥有那一切。可是,一路走来,她还是等到了属于自己的幸福,没有被辜负。

　　也许,上帝让我们遇到对的人之前,总会安排一些错的人,这样才会在遇到对的人时心怀感激。从前那些美丽的错过并非惩罚,只因上天想要给我们更好的。

结局若是好的，
一切都是好的

> 在漫长的人生路上，沟沟坎坎无法避免，生活这幕剧不会因一时的暗淡而结束，也不会因一时的困顿而被定局，只消我们认定一个方向，不断地完善和超越自己，定有机会逃脱宿命。如果结局是好的，那么一切都是好的，包括过程中的眼泪与伤痛。

周国平曾说："世上有一样东西，比任何别的东西都更忠诚于你，那就是你的经历。你生命中的日子，你在其中遭遇的人和事，你因这些遭遇产生的悲欢、感受和思考，这一切仅属于你，不可能转让给任何别人，哪怕是你最亲近的人。这是你最珍贵的财富。"

一个秋意正浓的日子，我和凌子约在南锣鼓巷的一家料理店见面，借机叙旧。

这几年，我和她身在不同的城市，忙着各自的事情，但彼此间的情谊却没有变淡。我想，这大概就是发小之情的特别之处吧！无论多久没联系，再见面时都用不着刻意找话题，哪怕只是静静地坐着，也不会觉得尴尬。

凌子和我一直到初中都是同班，我俩性格相仿，成绩也不相上下。每天放学，我们都会推着自行车，迎着绝美的夕阳，偶尔说笑，偶尔倾诉心声。青春有梦的日子，美妙如童话，我们想象着，能在将来的某一天，一起携手迈进大学的校门。其实，若无意外的话，这样的愿景不算奢望，但若没有意外，生活也就不足以称之为生活了。

凌子家有三姐弟，她排行老大。那会儿，凌子的爸爸在外跑贸易，很能赚钱，在我们住的那一片小有名气。可惜，这个能赚钱的父亲，并没有给凌子家的生活带来多大改善，反而最后让他们陷入了痛苦之中。凌子她爸有点大男子主义，还特别爱喝酒，赚的钱都自己把着，从来不让凌子妈妈过问，只是按时地给家里打点生活费。

那还是20世纪90年代的时候，据说凌子她爸应该赚了有二三百万。突然间成了所谓的"有钱人"，加之周围一些人的鼓噪和吹捧，他就有点飘飘然了。紧接着，就开始不务正业，还在外面找了情人，动不动就跟凌子妈妈打架，那些钱也逐渐被他挥霍了。

当时，凌子跟我读初三，正是升学最关键的一年。她经常红肿着眼睛来上课，原因不外乎就是："我爸喝多了，又跟我妈打架，吵吵到半夜。"大人们常说，离婚对孩子不好，但凌子一直到现在都觉得，要是让孩子每天目睹着父母争吵，甚至动手打架，还不如在一个清静、温馨的单亲家庭里生活得幸福，至少有安全感，不会终日提心吊胆。

凌子受到家庭环境的影响，每天脑子里想的都是家里的事，无法专心备考。中考成绩出来后，我考得也不算太理想，但至少能上本校的高中。至于凌子，她没跟我说究竟考了多少分，只是后来去了一所中专。

凌子大概以为，离开家就清静了，却没想到更糟的事发生了。她爸不只把钱挥霍空了，还沾染上了赌的毛病，欠了一身债。她爸面对这无法收拾的烂摊子，终日酗酒，原本就有高血压的他，在酒精的不断刺激下，最终脑血管破裂，中风瘫痪在床。

好好的一个家，就这么垮了。凌子妈妈这个善良的女人，从未计较丈夫对自己、对家庭的伤害，义无反顾地承担起照顾丈夫的责任。家里仅有的积蓄只够供另外两个孩子上学，生活上所有的重担全都压在了即将参加工作的凌子身上。

凌子的学历不高，找工作并不太容易。在亲戚的介绍下，她去了一家公司做打字员。在单位里，她年龄最小，其他的同事基本上都是大专和本科毕业，大她四五岁。和那些有学历、有经验的同事在一起，她耳濡目染，进步得很快。

一年后，凌子从只会文字录入的新人，晋升为设计师助理。说是助理，其实跟业务员差不多。对她来说，这份工作的挑战性很大，要负责与客户沟通联系，准确把握他们的需求。刚开始的那几个月，她做得不太顺利，总是找不到真正的负责人，兜兜转转绕了很大的圈子，却签不下合同。

看着设计师阴沉的脸，凌子好几次都想说，我辞职不干了。但一想起家里的情况，她也只能忍着，继续做下去。受挫的次数多了，反思多了，渐渐地她就摸清了一些门路，业务能力也上来了。她不再像从前那样心灰意冷，她相信，认真努力的人，应该不会被辜负。

三年后，凌子成了公司里出色的客户执行，而此时她爸病逝了。给父亲办理后事时，她也是揪心难受，但当一切结束，再看那头发花白、面色憔悴的母亲时，她又舒了一口气，安慰自己说："他们都不用受罪了。"

凌子知道自己的学历不高，想要有更好的发展，必须在各方面提高。后来，她报考了成人大学的平面设计专业，半工半读的日子持续了两年半，而在这期间，她也向公司提出调到设计岗位，成功从一个打字员变身为设计师。

当我享受着美好的大学时光，尚且不知明天在何处时，凌子已经有了明确的人生方向，且在设计师的职位上积累了再好的大学也给不了的经验；当我大学毕业四处找工作时，凌子的工资已经涨到了四五千，成了公司里颇有资历的老员工；当我好不容易有了工作，勉强能养活自己的时候，凌子已经开始谈婚论嫁，并决定跟未婚夫一起创业。

凌子的妈妈最初不太同意这门婚事，因为男方长得不是很好看，家又不是北京的，但凌子认定了自己的选择，只说了一句话就让妈妈再无异议："我爸长得好看，可您跟他过了一天的好日子吗？他长得不好看，但对我好；他家不是北京的，但我们一定能在北京买得起房子。"

俗话说，知女莫若母。凌子妈妈何尝不知道女儿的个性，她很早就走进社会了，什么事情都是自己拿主意，且处理得很好。既然女儿觉得幸福，她也不再多说。

就这样，凌子结婚了，并跟丈夫组建了一个小型的网络传媒公司，经营得还不错。婚后的第二年，凌子就在离家不远的地方买了一套小房子，虽背负着贷款，但至少有了属于自己的小窝，且事业还在蒸蒸日上地进行着，压力不算太大。在高物价、高房价的时候，能靠自己的努力，从一个打字员到公司负责人，挣来一套房子，有一份事业，也算得上成功了。

见面那天，阳光透过料理店的玻璃窗，照射在我和凌子身上，暖暖的，柔柔的。与读书时在夕阳下互诉心声那一刻比，我们的脸上都已经有了些许岁月的痕迹，但两人说说笑笑、亲密无间的样子，却还是和多年前一样，丝毫没有变。

当初，所有人都觉得，考上好高中、好大学，就算是"有着落"了。现在看来，完全不是那么回事。我身边还有不少同学，至今没找着合适的工作；那些上着班的人，也有很多只是在将就和凑合，什么职业规划、职业愿景，根本就没有那个概念。

而凌子呢，她经历过家庭的破败、父亲的病逝，扛起过养活一家老小的重任，与大学擦肩而过，但她此时此刻在事业上的高度，却是很多人望尘莫及的。即便是从事同样的职业，大学毕业生也未必能赶得上她这个第一学历只是中专的女孩子。所以，人生哪儿有什么一定的事啊！一副不好的牌落在手里，只要用心去筹划，不一定会输。

凌子跟我说："我也消沉过，恨过，为什么倒霉的事全落在我们家？但后来，我在书上看见一句话，说黑暗不是人生的色彩，所有难挨的日子都只是在经历黑暗。现在，我还能回忆起一路走来的种种情景，就像电影一样在眼前播放，那时候曾以为，这辈子大概就如此了，可如今回头再看，却发现那些事也不过是一个转折点。"

在漫长的人生路上，沟沟坎坎无法避免，生活这幕剧不会因一时的暗淡而结束，也不会因一时的困顿而被定局，只消我们认定一个方向,不断地完善和超越自己,定有机会逃脱宿命。如果结局是好的,那么一切都是好的,包括过程中的眼泪与伤痛。

你们以为我完了，
我还早着呢

> 你要想想世间还有许多人也在经历着你所经历的一切，甚至比你更加"倒霉"。只不过，当生活显出狰狞时，当别人冷眼旁观、讥讽嘲笑看热闹时，他们却还能像《倾城之恋》里的白流苏一样，倔强而无畏地说一句："你们以为我完了，我还早着呢！"

当接二连三的意外突袭了你的世界，当生活毫不留情地浇灭了你的希望，你会不会怨恨命运亏待了你？坦白说，我曾一度有过这样的怨念，可当我听到和看到其他人的故事后，才突然明白，就算生活辜负了我们，那又怎么样呢？这世上有太多人都在背负着伤疤过活，也有太多人在狰狞的遭遇面前微笑。正因为此，生命才有了厚重的意义。

不久前看了一篇报道，女孩Y借钱给一个她喜欢的男人，但后来因为有急事催债，男人答应了还钱，但提出要Y亲自去取。Y没有多想，直接去了男人所在的城市。见面后，男人没有即刻还钱，而是带她四处游玩。

几天后的一个雨夜，游玩回来的两人在路上行走，那个居心叵测的男人竟然将Y推到路边的下水道里。原来，这一切全是那个男人精心谋划好的，他提前搬走了下水道的井盖，趁Y不注意的时候将她推下。最令人发指的是，他还转身搬来了藏在巷子一角的井盖，狠心将其盖上，又搬来事先准备好的木板，盖在了下水道的井盖上。

那条巷子很深，当时又下着雨，四周没有人，男人以为这件事做得神不知鬼不觉，却怎么也没料到会东窗事发。那井盖上的木板先是被人偷走了，而Y掉下去时刚好踩在了井里一条横穿的管道上，尽管没有当场毙命，但她距离井盖有2米深。为了求生，她用伞尖把自己随身带的几百块钱从井盖中间的小孔里顶出去，希望能引起路人的注意。钱是被人捡走了，但没有谁会想到，井盖底下还有一个求生的人。

在那样的情况下，恐惧是不可避免的。Y觉得，自己就要死在这下水道里了，可她真的不甘心，她对生命还有太多的眷恋，只得重新想办法。借助从井盖小孔投射进来的微光，Y发现井盖下方的井壁上有一截长20厘米左右的钢管，应当是建筑钢材余出来的部分，没有被锯掉。

Y心生惊喜，将自己的衣服脱下来，扯成了一条条的布条，将它们拼接成平行的两根布条，每隔三五十厘米再将两根布条打个结，做成了一个简陋的软梯。最后，Y用伞把软梯挂在了井口的钢管上，小心翼翼地爬到了井口，推开了井盖，救了自己。

　　在接到Y的报案后，警察从周围的监控里调出相关证据，将犯罪嫌疑人抓获。

　　一个瘦弱的女孩子，在那样令人绝望的环境里，从死神手里夺回了自己的命，这是多么勇敢的一件事。我不由得相信，影响人生的绝不是环境和遭遇，而是看待这一切的信念。没有一成不变的生活，在几十年的人生里，陷入什么样的境遇中都不足为奇，真正重要的是，你是选择垂头丧气地站在原地号哭，还是打起精神在黑暗中找寻希望的光。

　　妈妈在附近的养生馆做经络推拿已有四五年了，每次从那里回来，她心情都特别好，理由就是那家店的老板谭姐又送了她免费的体验项目，或是其他的小礼品。谭姐的年纪比妈妈小一轮，我见过她两三次，当时只觉得她气质很好，但回头一想，毕竟人家是开养生馆的，自然更懂得保养，也就没太在意。

　　去年春节前，我的肩颈有些不适，妈妈提议我去做做按摩。谭姐为了照顾老客户,亲自上手为我按摩。就是那天,我才了解到谭姐背后的故事,并理解妈妈为什么如此喜欢她、信任她了。

十几年前,谭姐先后经历了离婚和下岗的双重打击。失业后,她开过服装店、饭馆,做过直销,还开过洗浴中心,可折腾了十年,不但没挣到钱,还把家里的积蓄全赔了进去,欠了外债。说起自己的这些失败经历,她一点都不避讳,还自嘲地说:"我不是一个特精明的人,还非要做生意,就是自讨没趣。"

谭姐最艰难的日子,是在城中村开洗浴中心的时候。她费了不少心思装修门面,钱都是借的高利贷。她想打一个漂亮的翻身仗,就自己学搓澡、按摩、刮痧、拔罐,几乎女浴室里所有的活都是她一个人干,为的就是节省开支。可惜,人算不如天算,城中村很快就拆迁了,住在那里的租户陆续搬走了,还没等到生意红火起来,就陷入了惨淡的光景。

经历过不少风浪的谭姐,平静地接受了事实。为了还债和维持生计,也为了女儿,她到朋友介绍的化妆品批发店打工,理货、收银、推销全是她一个人的事。有时候,货物运来时,她还得帮忙卸货。

其实,最开始朋友介绍她来的时候,说好了只负责卖货,可谭姐特别实在,觉得看在朋友面子上能帮忙就帮忙,没必要太计较。知道谭姐好说话，店老板对她也挺热情，只是工资一点儿都没多给。过年的时候，谭姐拿到的红包，跟其他人没什么分别，都是500块钱。

这份工作，没给谭姐的生活带来多大的改善，反而害得她落下了腰椎病。那些洗发水、护肤水之类的货物，一箱的分量并不轻，从未干过重体力活的谭姐，突然要扛这么重的担子，身体未免吃不消。每次卸货后，她的腰都会酸痛好几天，有时胳膊也疼得抬不起来。

为了女儿能上好一点的学校，她搬到了离学区最近的地方。朋友借给她一间房子暂住，多少能省点房租，可那房子实在简陋，一间房，两张床，简单的桌椅陈设。她唯一添置的家具，就是屋子墙角的那个布衣柜，里面整整齐齐地摆放着她的衣服。

同为女性，我觉得这是谭姐最动人的地方。日子再艰辛，她都没有放弃保持美丽的习惯，不管在外还是在家，永远都那么干净利落，漂亮精致。一个女人爱不爱自己，不是体现在物质生活有多富足，买了多么昂贵的衣服，用了多么奢华的妆饰，而是在生活举步维艰的时候，还能优雅地走出家门，任谁也看不到她狼狈邋遢的样子。

谭姐做过两次手术，一次是阑尾炎手术，一次是子宫切除手术。她说切除子宫以后，人看起来憔悴了很多，脸色也不再那么好,说着竟然还撩起衣襟把小腹上的两道粉色的疤痕露出来,笑着说:"要是再生点什么病,医生估计都不知道该从哪儿下刀了!"

那会儿,很多人都猜测,谭姐估计得一直在化妆品批发店干下去了。没想到,借给她房子住的朋友说,打算开一个养生馆,恰好谭姐以前也学过按摩、刮痧,人也热情,公司免费提供专业培训,希望她能入伙。她思虑再三,决定只做一个小股东,兼职帮忙看看店,每个月拿点固定工资,年底分红。

那天以后,我加了谭姐的微信。她经常会上传一些美容、养生的内容,像一个贴心的朋友。偶尔,她还会发一些调侃自己的话:"有人说我红颜薄命,我从来没觉得我命薄,就是脸皮薄了点嘛!"

作家刘墉曾经描述过自己一位朋友的经历:"朋友的生意垮了,从豪宅搬到铁皮屋,却毫无失意的样子。他一笑:是王八就别扮凤凰。当下只有萝卜吃,就安心吃萝卜,吃出萝卜的味道,何必去想吃不到的鲍鱼?得意也好,失意也好。成熟的人总要认知当下,接受当下,满足当下,活在当下,也才能把握当下,东山再起。没两年,他果然东山再起了。"

谭姐的心境与之很像。30岁之前,她有稳定的工作,稳定的收入,稳定的家庭;30岁之后,命运露出了狰狞的一面,穷困、病痛，一股脑儿全来了，她却从不怨恨，也不伤感，只是坦然地笑着，选择活下去。

当生活让你受了委屈，给了你伤痛，让你尝到了失败，你要想想世间还有许多人也在经历着你所经历的一切，甚至比你更加"倒霉"。只不过，当生活显出狰狞时，当别人冷眼旁观、讥讽嘲笑看热闹时，他们却还能像《倾城之恋》里的白流苏一样，倔强而无畏地说一句："你们以为我完了，我还早着呢！"

成长不只需要吃饭，
还需要吃亏

> 太爱计较的人，就算赢得了微利，却也失了大贵；愿意吃亏的人，持一份随性，却终究吃不了亏。不计一时回报，当下的舍得，即是明日的花开。看似吃亏的那部分，生活总会在更高更远的地方给我们补偿。

北京的地铁，向来都是人满为患。

有一次，我从国家图书馆坐9号线去科怡路附近的二手车市场。当时正值高峰期，我在潮涌的人群中站着，等着地铁的到来。由于是总站，大家都知道地铁里的位子空着，站在前面的往往都能有座位。

听见轰隆隆的响声后，人群开始躁动，虽然拥挤得厉害，但所有人还是在一点点地往前蹭，身体也开始向前倾，看架势都想占据一个好位置，还有人特意跑到车门的左右两边，试图插队。我在队伍的第二个,站在我前面的是一个胖嘟嘟的小女孩。

车来了,我真的记不清究竟是自己迈上去的,还是被后面的人群挤上去的。我坐在靠近车门最近的位置,胖女孩在我旁边坐下,占了两个座位。她大声地朝着正在人群中挣扎的母亲喊道:"快点呀,再不抢就没有座位啦!"正说着,旁边的一个男青年挤了挤胖女孩,在她旁边坐了下来,自顾自地玩手机,根本没有看到胖女孩肉嘟嘟的小脸上已经挂起了失望和不满。

几秒钟以后,胖女孩的妈妈出现了。

胖女孩很生气,噘着嘴说:"让你快点不快点,现在好啦,没地方坐了!"

妈妈笑了笑,说:"没事,我站一会儿也没关系。"

"那我们岂不是吃亏了?"胖女孩突然冒出这么一句话。

望着眼前的这一幕,我不知道该高兴,还是该悲哀。我很想告诉胖女孩:"相比路途上多站一会儿所吃的那点'亏',在人群中肆无忌惮地争抢,会让你失去更多,比如内在的修养与优雅,以及宽容的品行。"

但我终究不是胖女孩的什么人,我能做的只有祝福,希望她能够在未来的日子里领悟这一点,长成一个不急不躁、有修养和内涵的姑娘,不因琐事锱铢必较。

事实上，关于吃亏这件事，我仍然有许多话想说。放眼望去，生活中四处弥漫着浮躁与物欲的气息，社会、事业和家庭的重重压力，让人们变得越来越现实，不愿付出，不肯吃亏。得到的多，便喜笑颜开；得到的少，便怨声连连。

也许，不肯吃亏的人，在某一时刻、某一件事上可以暂时得到些好处，但这绝不代表聪明。生命中还有很多东西，比如豁达的心胸，宽广的气度，良好的修养，经验的积累，人格的成熟，都要比斤斤计较、处处较劲更令人动容与敬畏。

亲戚家的儿子在海淀区的一家外贸公司做会计，从入职到现在已经有几个月的时间了。上次见面时，他对我说，公司的财务主管一直都没给他分配跟会计有关的工作，就让他在办公室里做一些辅助性的事，如录入和核对基础性的账目数据，收发各类公文、公函，打印材料，偶尔跟着一起去银行跑跑腿，跟他想做的会计工作相去甚远。

"我觉得自己就像勤杂工，每天做的都是无关紧要的事，在办公室的角落里自生自灭。"我到现在还记得他说这些话时的表情，充满了自嘲与无奈。他还说："公司的同事对我也不怎么样，不愿干的活就推给我，做得好了没人感谢你，做得不好还得落埋怨。"

我知道，他说的这一切绝对没有夸张的成分；我还知道，有类似感受的人不只他一个。但每个人的成长与进步，几乎都是伴随着痛苦和压抑的，都少不了吃亏和受苦。

我家附近的一个餐馆老板，当年在大饭店里学厨，刚开始就是端菜，有的学徒就抱怨说师傅不教真正的东西，他不言语，一边端菜一边观察厨师的技艺，很快就学会了不少菜的做法和花样。有时饭店忙了，他也到后厨帮忙，可拿的还是端菜的钱。

干了一段时间后，终于出现了转机。一位厨师辞职了，老板让他试试，结果他比辞职的厨师做得还好。因为有端菜的经历，他知道客人偏爱的菜肴和口味，所以后来饭店的菜品很多都是他设计的。在那家饭店干了五年后，他自立门户开了现在的饭店。

还有我的女友苗苗，她是一家台资企业的业务代表。每次说起部门里的事，她都是一副摇着头深感无奈的样子。原因很简单，由于她们公司做的是高端别墅，谈成一个项目的提成非常高，在利益的诱惑下，同事之间为了争客户、抢订单在办公室里拌嘴吵架，就成了家常便饭，一点儿都不新鲜。

脾气好、性格温和的苗苗，在进入公司的第一年，就深得大老板的赏识。年底，她拿到了一笔不菲的奖金，但从此也开始了物极必反的霉运。她给客户准备好的一些重要资料，明明记得放在办公桌上，却总在需要的时候不翼而飞；存放在电脑的重要文件，好几次也被人偷偷地篡改过。更让人气愤的是，有人蓄意造谣，说苗苗与经理有染，而她的男友也不知什么时候听说了此事，苗苗的正常加班也成了他冷嘲热讽的理由。

那段日子，苗苗的心里特别憋屈，她在工作上一直兢兢业业，年终奖也完全是靠自己的个人努力赚来的，可谓是取之有道，没什么猫腻在其中。对待同事，她一向和气，谁有困难她都不愿意袖手旁观，就算存在一些利益竞争，可在外打拼的人都不容易，计较那么多，也会给自己添堵，所以偶尔吃点小亏，她也就认了。若真撕破了脸，在办公室里多一个"敌人"，那滋味更难受。此外，她不过是跟经理一起出过两次差，仅此而已。有时，她恨不得到经理那儿告状，也想过在办公室里说说这个事，让那些做手脚、造谣的人收敛一点。

跟我说起这些事以及内心的想法时，苗苗忍不住爆了粗口。

我问苗苗："如果你真的去告状了，你的处境能有什么改善？说不定会更艰难，在同事和上司面前，都显得很尴尬。到最后，你可能就会因为承受不了这种压力和痛苦，而主动提出辞职。"

苗苗瞪着眼睛冲我说："是啊，凭什么是我辞职？做错事的人又不是我！我要真的走了，说不定正合了某些人的心意呢！我偏不走。"

苗苗把所有的委屈都咽到了肚子里。在同事眼里,她依然和从前一样默不作声,但有了之前的教训,她在做事时多了一个心眼。为了防止资料被盗,她就把所有的信息都记在自己的笔记本上,随身携带;每天和工作有关的原始文档,她都备份在U盘里;至于莫须有的绯闻,清者自清,身正不怕影子斜,说腻了自然会住嘴。

她的不紧不慢、不焦不躁,果然让那些做小动作的人很意外,也很失望。小算盘没打好,没看到苗苗气急败坏的样子,他们也觉得无聊,自己就收敛了。吃过亏、尝过苦头的苗苗,在工作上比以前更细心了,尽量不让任何人钻空子。这种谨慎的作风,让她成长得更快,那一年,她的年终奖又是组里最高的,连我这个朋友看了都眼红。

艾森豪威尔说过:"世界上没有折扣价买来的胜利。"

太爱计较的人,就算赢得了微利,却也失了大贵;愿意吃亏的人,持一份随性,却终究吃不了亏。不计一时回报,当下的舍得,即是明日的花开。看似吃亏的那部分,生活总会在更高更远的地方给我们补偿。

我们都曾是
一粒普通的大米

> 如果将人比作大米,那么我们可以选择成为各种各样、价值不同的东西,关键是你想要成为什么,你选择用什么样的方式去改造自己、提升自己。

有时觉得世界真的很小,小到一不留神就能跟阔别已久的人不期而遇。

数月前,我在家乐福超市买东西时,一个听起来有些耳熟的声音叫住了我。扭过头时,只见一个散发着知性气质、留着干练短发的女子在冲我微笑,我端详了半天才认出对方,竟是高中时的邻桌琳娜。

我对琳娜的记忆,一直还停留在中学时代。依稀记得,那时的琳娜是一个超内向的女孩,说话慢吞吞的,略带羞涩,每次回答问题声音都压得很低,脸涨得红红的。当时,大家都铆着劲想考大学，为自己谋得一块坚实的敲门砖，在未来的竞争中多一个赢的机会。以琳娜当时的成绩看，考上本科的希望很渺茫。据说，她后来去了外地的一所大专，总之中学毕业后，我们就没有再见过面。

阔别数年后，出现在我面前的琳娜，跟过去判若两人。在她身上，已经完全没有了从前那份忸怩和羞涩，取而代之的是落落大方和侃侃而谈。我们在超市里找了一个安静的餐厅，说着这些年来的经历以及现状。

聊天中，我说自己真的很惊讶她的变化，琳娜告诉我，都是到外地上学后磨炼出来的。出门在外，举目无亲，什么事都得靠自己，为了多赚点生活费，她一直在打工。那几年的独立生活，让她吃了不少苦，但性格上和心态上也有了很大的转变。

毕业后，她回到北京，在一家全国连锁的英语培训机构上班。由于自己的学历不高，经验不足，她在业务上狠下功夫，整整三年没怎么好好休息过，努力挖掘客户所需，竭尽全力帮客户选择适合的课程，提供热情的售后服务。两年前，她被调到新开的校区做代理校长，在维系客户资源的同时，着重学习管理知识，积累经验。

听她说起这些事时，我的脑海里浮现出一幅幅画面：大学校园里的男女生聊天说笑时，她顶着大风去往给人补课的路上；办公室里的同事上网偷闲时，她在整理电话记录，找出有意向的客户；别人约见了两个客户就急着回家时，她还在去往第三位客户的路上；别人沉浸在升职加薪的兴奋与得意中时，她却在努力探寻着自己从未涉足的新领域，攀登着新的高峰。

从平凡的学生，到平凡的业务员，一步步成长为代理校长，琳娜不是一个天赋异禀的人，曾经的她甚至还有些胆怯和自卑，被许多人忽视和不看好。可是，那又怎么样呢？她用心生活、用心工作、专注认真、努力向上，抵达了一个令许多人艳羡的高度。

琳娜的蜕变，让我不禁想起很久以前一位网友讲过的一件事。

网友刚参加工作时满心沮丧，新人的身份让他在单位里不受重视，每天做着一成不变的琐碎事，过着两点一线式的枯燥生活，感觉未来一点儿希望都没有。熬到了春节放假，他就急着回了老家，且没想好年后还要不要继续这份工作。

春节期间，他去看望家族中一位修佛的长辈，并在酒桌上说了自己的困惑，他问长辈，自己到底该怎么办。网友的家在鱼米之乡，而那位长者是十里八村出了名的种植高手，他指着堂屋里堆放的大米，问网友："你说一碗米有多大价值？"

网友理所当然地想到了米饭，说："如果把一碗米做成饭，应该值两块钱。"

长辈笑着摇摇头，说："一碗米加水蒸一蒸，做成米饭，再贵也不过三五块钱；稍微动动脑子，把这米泡一泡，放上点肉馅，再用粽子叶包成肉粽，那就是十几块钱的价值了；若是再把它适当发酵、加温，用心酿成一瓶酒，这碗米至少就是几十元的价值了。"

那年的春节，那次的拜访，让网友受益一生。假期过后，他一如既往地回到了工作中，外人对待他的态度没什么变化，但他心中所想所感却跟从前大不一样。他没有了沮丧和失望，而是深刻地领悟到，生活的平凡是赐予每个人最公平的礼物，也是成就英雄最肥沃的土壤。世间所有的成功，都要经历在平凡中积累、坚守和蜕变的过程。

后来，当网友把他和长辈之间的谈话讲给我听时，我真心觉得那位长辈是一个有哲思、有情怀的人，甚至想有机会也能跟他见一面，如此定能受教更多。这位亲切的老人，他懂生活，更懂人生，能从简单的小事上参悟出大智慧。细想起来，如果将人比作大米，那么我们可以选择成为各种各样、价值不同的东西，关键是你想要成为什么，你选择用什么样的方式去改造自己、提升自己。

年轻的时候，多数人都如同普通的大米，在人群中默默无闻，拿着微薄的薪水，做着不起眼的工作，过着平凡的生活，时不时地还会遭受委屈，若都抱怨没有好机会、没人赏识，慢慢地就会被消极思想和既有环境所束缚，心里只想着自己是米，能做的也只有米粥和米饭。若能像琳娜那样，放下包袱，不断努力，从多方面提升自己，那就有可能将自己酿成一坛芳醇甘美的酒。

一直以来，我都很喜欢俞敏洪老师的文章，记得他有篇文章的主题是"不要看轻自己"，其中有段话说得甚好："人生像一年四季开放的花朵，有的花在春天开，有的花到了夏天才开，有的花要到了秋天才开，有的花要到了冬天才开。人生奋斗是一辈子的过程。20岁的时候就谈论自己有没有成就还太早，人生是看不到头的马拉松。我们要拼耐力，拼专注。也就是说，你现在跟别的同学有多大落差，完全是微不足道的事情。我们要做的是从现在开始奋力前行，不急不躁，看准目标，让自己的一生和自己的目标一起发出光辉灿烂的色彩。当我们回头看的时候，觉得这辈子过得真值了。如果能有这样的感觉，就算一辈子没有白活。"

人生是一场漫长的旅程，有的人笑在起点，有的人赢在终点，命运从不会一直偏袒某个人，也不会一直为难某个人。没有钱，没有经验，这些都不可怕，怕的是没有理想，随波逐流。就像泥坑里的水,看起来再浑浊,只要经过时间的沉淀,总能看到清澈的部分。

很多时候,那个令你愤恨自己的起点,不过只是一个开始,仅此而已。

跋扈的姿态，
敌不过笃定的心

> 生活不易，无论喜不喜欢，愿不愿意，我们都必须做一个强者。这份强硬不是姿态上的跋扈，而是内心的笃定与坚强。

2015年年初看NBA的新闻报道，记者问科比·布莱恩，在19年职业生涯中，最令他感到骄傲的时刻是什么？这位取得了很多耀眼成就的篮球巨星说："最让我感到骄傲的时刻是，当湖人处于低谷时，我没有逃跑。"

我不知道你听到这样的回答时有何感想，就我而言，却是满满的感动。

人在深陷低谷的时候，最不容易掌控的就是自己的心。许多人一碰到逆境磨难就着急上火、冲动行事、自暴自弃，还没弄清楚事情究竟坏到怎样的地步，还有没有办法去补救，就做了懦弱的逃兵，毁掉了所有的可能。生活不易，无论喜不喜欢，愿不愿意，我们都必须做一个强者。这份强硬不是姿态上的跋扈，而是内心的笃定与坚强。

我曾在《你不必害怕明天，路是一步步走出来的》这篇文章里，写过阿凯的故事。

刚毕业那两年，朋友阿凯一直处在极度焦虑的状态中，情绪也是起伏不定。唯一的发泄方式，就是在网上写点东西，理解的人给些只言片语的安慰，不理解的人笑笑飘过，看不懂的人说他是在"发神经"。

其实，他的焦虑不是无缘无故的，许多人大都经历过。他不敢去想未来，不知道明天在哪儿。走出象牙塔，漂泊在异乡，手里攥着仅有的几百块钱，租着一间简陋的房子，每天在网上投简历，把城里的各个区都跑遍了，两个月下来，就是找不到合适的工作。手里的钱越来越少，瞅着昔日的同学朋友都渐渐稳定了下来，心里不由得着急和恐慌。

最难受的，是父母打电话来询问近况时。实话实说，自己面子上挂不住。父母供养自己多年，盼到了大学毕业，总以为熬出头了，若知道自己连工作都没找到，怕是心里会失望。自己能做的，就只有违心地报喜不报忧，说自己一切都挺好，挂了电话之后再偷偷地抹两滴眼泪。倒不是觉得委屈，而是体会到了生存的艰难和无奈。

没进社会时,他以为繁华的城市里,遍地都是施展才华的机会,就像乡村田野里盛开的野花那般。可真的走进社会,他才知道自己当初幼稚得可笑,施展才华的机会固然多,但不是谁都有资格得到,总得先在这个无亲无故的城市里活下来,才有资格去谈梦想。

第一份工作,每个月工资1200块钱,阿凯接受了,因为别无选择。月底发工资,按照天数计算,他拿到了400块钱。那400块钱,对于当时的他来说,俨然就是救命的稻草。他握到手心出汗,心里默念着一句话:终于可以独立生活了。

当日子逐步走入正轨时,生存的压力基本上已经解决了,至少可以租得起便宜的房子,吃得起小餐馆的饭菜。然而,最初的那份焦虑却并没有随之缓解,反而越来越严重了。

周围有人升职加薪,有人出国留学,有人进了外企,有人买了房子,有人开上了车,还有人已经开始筹备结婚的事了。别人的生活似乎总在大步向前,自己虽然过了生存的基准线,但跟别人一比,却还有着漫长的距离。

女友也不再像大学时那样简单纯粹了,一份可爱多冰激凌已经打动不了她的心,她现在想要哈根达斯。看到别人在城里的某个地方有了一个属于自己的家,再看自己简陋的出租房,她满心委屈,虽未直说,一切却都写在脸上。

他慌了,乱了,不知道明天究竟会怎样。他所憧憬的那些未来，他给她的那些承诺，在他心里，越发像是一个遥不可及的梦。

终于，爱情败给了赤裸裸的现实。许多事，想通了就不会纠缠不休、颓废消沉。失恋的痛苦在所难免，但阿凯还是清醒的。为了让自己尽快调整好状态，从过去的回忆里抽离，他将大把的时间和精力放到了工作上，不再关注周围的人是否结婚、买房、升职，那些只会平添他的烦躁。

他从最初的办公室职员，干到销售部的业务员，每天早出晚归，跟诸多陌生的客户打交道。这仿佛是一扇特别的窗，让他有机会见识到另一个世界，也为他的心开辟出了另一条路。他忘记了时间和曾经的伤感，专注于每一天的任务和每一位客户。

从最初的屡屡遭拒，到后来的小订单，再到后来拉到了大客户，一路走得崎岖艰难，却也带给他莫大的鼓舞和信心，治愈了他心底的伤，驱逐了他莫名的焦虑。

忙碌的日子总是过得很快。现在的他，已经在公司里有了自己的一方天地——独立的办公室，办公室的门上赫然写着三个字：经理室。是的，靠着自己的奋斗和努力，他已经成了公司的业务经理，有公司配备的车，房子虽然还是租的，却早已不是简陋的小屋了。

每逢节假日，他可以坦然地给父母打电话，告诉他们一切安好，偶尔还会接父母过来小住。至于感情，那个最重要的位子依然空着，但他不再焦虑和恐慌，倘若遇见对的人，他相信，他给得起她幸福，给得起她一个温暖的家。

有时候，我觉得人生跟四季很像。遇到了寒潮，总会有人抱怨冷，他们在凛冽的寒风中瑟缩，面对严冬不停地咒骂。他们似乎忘了，寒潮只是暂时的，当它过去后，总会有煦暖的阳光普照大地，迎来充满希望的春天。就算身处冬日，也可以在寒冷中找寻到温暖内心的东西，一切都在于你对待生活是什么态度。

2015年的北京，寒冷似乎来得有点早。11月下雪的那段日子，真感觉刺骨地寒。可即便如此，也挡不住我和旧同事郑郑约饭。

说起郑郑的人生，就像是一场电影。

她跟丈夫不顾父母的阻挠，在异地结了婚。没承想，丈夫却在出差途中遭遇了车祸，两人从此阴阳相隔。这场生死离别，差点儿要了郑郑的命，因为她当时正怀着孩子。

家里人想让郑郑引产掉那个孩子，毕竟还年轻，将来若再婚的话，没有孩子总归更好一些。郑郑想过死，可摸着隆起的肚子，想起那是带有他血脉的生命，就怎么也狠不下心了。

郑郑说，那个时候，活着其实比死难。

我信。

对郑郑来说,头顶的那片天塌了,刮起刺骨的风,漫漫长夜剩下的全是眼泪。

郑郑和丈夫共同的好友钉子,经常去看望她。钉子曾在墓地向自己逝去的兄弟发过誓,一定会替他照顾好嫂子和孩子,不让她们受委屈。郑郑感谢钉子陪她散步,给她买东西,听她倾诉……时间久了,她突然觉得自己有点离不开钉子了。

钉子未婚,但是有女朋友。郑郑并未失去理智,她知道再这样下去,会影响到钉子的感情,而自己不愿那么做。深思熟虑后,郑郑决定离开钉子,去另外的城市。她对钉子说:"失去他是我的不幸,但不能依靠你的力量去摆脱这种痛苦,我想自己拯救自己。"

时至我们约饭的那天,郑郑早已开始了新的生活。她走出了丈夫的阴影,生了一个漂亮的女儿,只是说起从前还会动情掉泪,但终究不用太多安慰,她会主动擦掉眼泪,说:"算了,不说那些了。"

事业也好,感情也罢,都是要靠自我的逐渐强大才能换来新生。低谷没什么可怕的,怕的是随随便便就交付了所有,做了逃兵。我始终相信作家二月河先生说的"锅底法则":人生好比一口大锅,当你走到了锅底时,只要你肯努力,无论朝哪个方向,都是向上的。

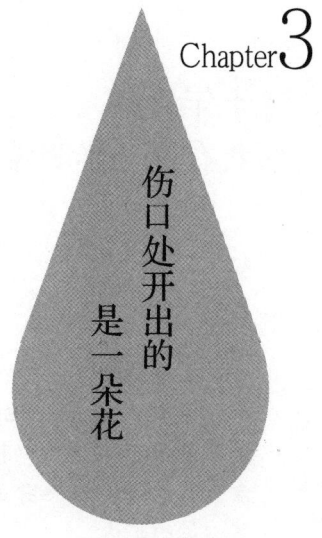

Chapter 3

伤口处开出的是一朵花

我们只要把最猛烈的溃决坚挺过去,就会发现可以比较从容地收拾痛苦的残骸了。

/毕淑敏

二十年后，
愿我有你一半明媚

> 生活会给不同的人不同的磨砺，或大或小，或轻或重。于妈妈而言，她赶上了意外丧子的剧痛，庆幸的是，她没有被这伤口耗干所有的心力，而是主动给了它愈合的机会。在她身上，我看到了生命的坚忍，也看到了心灵的旷达。

说来惭愧，写过那么多的文字，却没有一篇是关于妈妈的。这一刻，我却很想聊聊她，这个给了我生命，也教会我豁达的女人。

妈妈身材高挑，模样中等，上有哥姐五人，是家里最小的孩子，没受过什么苦。直到现在，她依然做不出一顿有模有样的饭菜，我记忆中家的"味道"，全部出自我爸的手艺。我的奶奶是一个在生活上非常考究的人，正因为此，我妈嫁过来以后，很多事情都会被奶奶挑剔。好在妈妈性格隐忍，就算是受了委屈也不吭声，一直跟奶奶保持着平和的关系。这种生活持续了三四年，她跟我爸总算有了自己的房子，带着我和哥哥搬了出来。

说是自己的房子，其实就是坐落在郊区农村一栋独门独院里的三间青砖色小房。那时，爸爸在酒仙桥上班，后几经周折才调动到家附近的保温厂。家里的房子实在破旧，妈妈说，有一次房间里爬出一条蛇，吓得她魂儿都没了，领着我和哥哥站在马路边，直到我爸下班。

在青砖色小房里住了两年，家里就翻盖房了，原因是我的"童言无忌"。其实，我是不记得发生过什么事，但妈妈说是我的一句话刺痛了她的心，我不止一次在她面前大喊："XX笑话我，说瞧你们家那破房子！"妈妈的隐忍中有着倔强的一面，她跟我爸说："咱们盖房，借钱也认了。"就这样，我们家成了村里最早一批盖起板房的人。

盖房子欠下了外债，好在我爸那时已经开始涉足建筑装潢行业了，基本上家里的装修都是他业余时间搞定的，我妈给他打下手，这样能省下不少钱。装修房子、养活孩子、维持生计、料理家务，压力之大可想而知，但妈妈从没有过一句抱怨，每天都笑呵呵的。她做的是临时工，干一天算一天钱，为了多赚点钱，无论什么天气，只要偏头痛的毛病不犯，她都会去上班。

有很长一段时间,我想不明白,为什么总让一个善良的人不断地经受痛苦?就在家里的外债刚还完,刚准备松一口气的时候,更大的厄运来了。这场意外曾经一度击垮了我的家,让我们陷入长久的痛苦中,迟迟无法自拔。

我清晰地记得,那是1997年我生日那天,星期四。

中午,我和哥哥一起出家门,临走前妈妈给了我们五块钱。哥哥说想买一盒新的彩笔,我们就去了学校附近的商店。买了彩笔后,没想到他从我的书包里拿走了那盒旧的,把新的塞给了我,冲我笑了笑,然后就跑进了学校。我猜,他肯定是知道那天是我生日,只不过他不善言谈,才会选择用这样的方式"送我礼物"。

放学时,外面刮着四五级的大风。我先回了家,奶奶带着一些吃的来看我,顺带帮忙做晚饭。大概过了半个小时,一个男人在我家门口喊,奶奶应声出去了,回来后跟我说:"别乱跑,家里有点事儿……"

我不知道发生了什么事,但是很快家里来了一群人,爸妈也回来了,却哭得一塌糊涂,这场面是我从来没有见过的。现在想起妈妈当时的样子,我还觉得剜心。晚上,我在小房间里看见了哥哥的书包,上面沾着血,最外面的小包里,还放着中午从我那儿拿走的旧彩笔。

哥哥在回家的路上，出了车祸。

生活充满了未知，也充满了无奈。有些人在我们的生命里，就像匆匆而过的路人，只留下背影和回忆，便毫无征兆地离开了。所有的经历，犹如电光火石一般，你甚至来不及去想到底发生了什么，就要面对生离死别。于那些人，我们无处告别，无法再见。

后来我听说，哥哥被肇事司机送到了二级医院，但因伤势过重，后被转到天坛医院，情况是脑颅骨粉碎性骨折。也许，是我年纪太小了，家里人不知该如何向我解释"死亡"这件事，亲戚跟我说："你哥病得厉害，就算是看好了，也可能会成植物人，咱们就不给他治了。"我嘴里吃着一口饭，眼泪噼里啪啦地往下掉。其实，我什么都知道，我只是装作信了。

出事后的那段时间，我只记得爸爸哭泣的样子，却记不起妈妈脸上的表情。因为，她一直躺在床上不吃不喝，闭着眼睛，巨大的心理创伤和偏头痛的毛病折磨着她，整个人瘦得皮包骨头。偶尔见她坐起来，却也不说话，就是那时候，我突然觉得妈妈老了，眼角竟也有了下垂的样子。

后来的一天，妈妈独自出了家门，没有告诉任何人她要去哪儿。临近午饭的时间，她还没回来，家里人四处找，却都没着落。我也着急了，很害怕妈妈会跟哥哥一样，会突然从这个家消失不见。尽管那时的我还小，但我已比同龄的孩子更早懂得,有些东西可以失而复得,有些东西失去了就是一辈子。

直到下午3点多,妈妈才回家,她哭着跟我说,本想去摸高压电,可站在变压器底下待了半天,想到还有我,怎么也狠不下心……是啊,她失去了一个孩子,但她还有另一个割舍不下的孩子,那就是我。时隔近20年,每当我想起当年的那一幕,仍是心有余悸。倘若妈妈没有多想,冲动地摸了高压电,现在的我该是什么样?

记得在看莫泊桑的《小舞步》时,里面有一段话说:"一个人可能遭受的最大痛苦,莫过于母亲失去孩子,孩子失去母亲了。这种痛苦很强烈、很可怕,它可以动天地泣鬼神,撕肝裂肺。但是这种打击就像流血的伤口一样,伤口再大也可以愈合。"

我相信前半句所说,失去孩子和母亲的痛苦是撕肝裂肺的,但称这种打击再大也可以愈合,却并非适用于所有人。

就在十年前,我们附近发生了一起命案,一个15岁的男孩被他刚出狱不久的伯父杀害,手段令人发指,几乎是将一把尖刀插进了孩子的胸膛。男孩的父母都是中学教师,与伯父根本没有过任何冲突,谁都不知道究竟是因为什么,他竟下了这样的狠手。那男孩刚参加完中考,考上了一所重点高中,一切美好都还没来得急开始,就以如此惨烈的方式结束了。

男孩的妈妈悲痛欲绝,精神上受到了严重的打击,几乎到了必须靠药物维持的程度。她彻底告别了讲台，告别了正常的生活，从一个优秀的教师，一个幸福的母亲，变成了一个精神上有障碍的病人。俨然，失子的伤口在她这里永远都无法愈合。

我很庆幸，我的妈妈没有狠下心抛弃我、离开我，也没有变成一个"疯娘"。

最初的那几年里，她身体很不好，经常卧病不起，除了偏头痛以外，血压、心脏都出了问题。最严重的一次，病了整整一个月，但我爸必须得工作，我也要上学，那时我们已经搬到了电厂的家属院，亲戚们离得远，家里无人照应，她想喝口热水也没人给端。

大概就是那一次，我妈有点想开了。

待我上了高中，我妈的性格跟以往有了很大的不同。她脸上的笑多了，见人也爱说话了，偶尔提起哥哥的事，她也能平静地跟我说："这样的事不新鲜，除非你跟着他一起走，不然日子还得往下过。折腾半天有什么用，空让别人看笑话。"

后来的这些年，她不再是我年少记忆里那个胆小怯懦的女人了，而更像是一个豁达明媚的大女人。她开始注重自己的衣装打扮，花心思研究各种小吃，尽管厨艺还是不怎么样，但生活却多了些乐趣。闲暇的时候，去养生馆做做养生，跟小区里的大妈们跳跳舞，参加合唱团。院里的阿姨们都喜欢跟她聊天，说她很会安慰人，跟她唠唠家常，心里舒坦。

我知道，妈妈不是会安慰人，她是真的看淡了许多东西。

生活会给不同的人不同的磨砺，或大或小，或轻或重。于妈妈而言，她赶上了意外丧子的剧痛，庆幸的是，她没有被这伤口耗干所有的心力，而是主动给了它愈合的机会。在她身上，我看到了生命的坚忍，也看到了心灵的旷达。

我无法预料自己今后会遇见什么样的挫折，要蹚过多少深深浅浅的河，但只要一想到妈妈，就时刻都能感受到力量。二十年后，我若有她一半的明媚，就好。

花开花落，
金枝玉叶不败

> 有一种优雅是无关身份的，它源自内心的笃定与强大。当生命不畏洗礼，敢独立去面对所有的时候，那才是它最美好、最动人的样子。

每次说到名媛与优雅，脑子里总会浮现一个人的身影——郭四小姐。

第一次读到郭四小姐的传奇人生，我整颗心好像被什么东西狠狠地撞了一下，简直不敢相信，这世间会有如此美好的女人！关于郭四小姐的信息，打开百度铺天盖地，但我还是忍不住想说说她最打动我的地方。

郭四小姐的本名叫郭婉莹，英文名Daisy，是上海永安公司郭氏家族的四小姐。她的前半生，可谓锦衣玉食，应有尽有。她习惯这种华美的生活，却从没有把它们视为生命，正是这种淡然，使得她在被命运拿走了奢华荣耀后，仍然可以好好地活下去。

我要说的，恰恰是她的后半生。

丈夫离世后，所有的家产被没收，郭四小姐背负着替夫还债的重担。要知道，当时的债务有14万人民币之多。后来，她被下放到农村养猪，刷洗马桶，每天从事着繁重的劳动，受尽了屈辱与折磨，而她却还能淡淡地说："这样有利于保持身材。"

年迈后的她，独自住在上海的一条安静的大弄堂里，过着朴素而精致的生活。没有人知道当她深陷屈辱时在想什么，但她却用平和的姿态告诉世人，那些磨难并没有把她变成一个内心狠毒、充满怨恨的老人。

当有人挑衅地问起她那段岁月时，她挺直了脊背，从容而优雅地说："我在这样的生活中学到了许多东西，倘若我一生能安静地在延安路上的那栋大房子里度过，我永远不会知道自己的心有多大，能对付多少事。现在我有非常丰富的一生，那是大多数人所没有的。"

命运改变了郭婉莹的生活，却从来不曾让她沉浸在悲伤中。当生活行云流水般地往前走时，她也从未停下自己的脚步。不抗拒生活的洗礼，不纵容眼泪伤了双眼，在磕磕绊绊中不动声色地长成一个坚强的人，这才是真正的贵族精神。

我认识不少姑娘，一心向往着郭四小姐前半生那种日子，恨不得将世上所有美好的东西都归为己有，做集万千宠爱于一身的"公主"。我特别想说，公主的身份真的无法保你一世周全，不信去翻翻童话，就算是故事里的公主，还都有过"历险记"呢！白雪公主的后母嫉妒心极强，贝儿公主曾被野兽俘虏，豌豆公主被"掉包"，生活远比童话要复杂，也更艰难。

现在流行一句话，说没有公主命，就要自备女王心。其实，就算有公主命，也得备一颗女王心。因为，你永远不知道，什么时候会上演一出"公主历险记"。

茉莉小姐是我周围唯一一个跟"公主命"沾点边的人。

茉莉一家是山西人，父母早年来北京做建筑公司，打拼下了三套房子，后将茉莉接到身边。由于年幼时与父母分离，接到父母身边的茉莉备受宠爱。到了上大学的年纪，她还会因为喜欢一件东西而在父母跟前撒娇耍赖，每天追在妈妈身后问晚饭吃什么。关于生活是怎么一回事，她从未思量过，也不觉得自己需要思考这些。

不少人羡慕过她，家境好不愁吃穿，无须当蚁族挤在出租屋，有足够的资本支撑美妙的青春与梦想。与同龄的女孩在一起，她很像公主，有人为她的一切做着打算，她只要负责开开心心地活着就好。

生活不是一汪死水，静而不动。茉莉她爸承包了一个项目的装修工程，活刚干了一半，对方却跑路了，所有的工程款都没了着落。茉莉她爸每天依旧在外面奔忙，但欠下的大量债务却让家里不得安宁，追债的电话不断地打来，追债的人每天都会登门造访，从未有过类似经历的茉莉，像一只受了惊吓的小鹿。为了避免意外的伤害，他们不得不搬离自己的家，到外面租房住，曾经富丽堂皇的家，成了一种虚设。

往日的笑声，几乎从茉莉的家里消失了。即便大家待在一起，也总是闷头不语，各有心事。有那么一天，茉莉突然瞥见父亲的鬓发已开始变白，在此之前她是没见过的。在她心里，父亲尽管已有50岁，但长得很年轻，连同龄的女孩都会觉得，父亲是一个有魅力的人。父亲是她的骄傲，是她的依靠，可不过数月的光景，父亲竟苍老了那么多。

到了大学毕业之际，周围的朋友都开始四处奔波着给自己找落脚点，茉莉和家人却还困在四处躲债、居无定所的窘境里。生活上的剧变，让她一时间无法接受，她本以为找工作这件事也会像从前的生活起居一样，会有父母替自己打理，而今整个家都深陷在沼泽里，父母也是心有余而力不足。茉莉一直窝在家里，闷声不响，跟往日叽叽喳喳的她相比，仿若换了个人。

由于思虑过度，茉莉的妈妈病倒了。房间里不那么整洁了，厨房里也是冷锅冷灶，茉莉急得不知所措，带着哭腔打电话给我，说她很害怕，也有点自卑和愧疚。从前都是从家里伸手要和拿，而今却不知道自己能为家里做点什么，就连一顿像样的饭也捣鼓不出来，除了年龄增长了，她在心理上和孩子没什么区别，总想着依赖。她曾以为，身后那座大山会永远挺拔，却未曾想大山也会在瞬间轰然倒塌。她多想，能有足够的力量拉他们一把，就像多年来他们一直支持着她那般。

　　有些安慰人的话，听起来苍白，可在特定的时刻，却还是不得不说。我告诉茉莉："谁也不是生来就会做很多事，多数都是后天学来的，甚至是被逼到一定份儿上，不得不做的。"

　　我知道，茉莉也到了被逼无奈的份儿上。她开始学着做饭，从一开始煮面条都会糊，把厨房弄得乱七八糟，到后来能做点简单的小菜，再后来也学会了蒸煮炖一些食材。她还翻出那些不怎么用的八九成新的皮包和衣物，在网上出售，减少向父母伸手要钱的次数。

　　总耗在家里终究不是办法，茉莉迈出了独立的第一步——找工作。外面的世界没有她想象的那么美好和宽容，不是每个人都会对她笑脸相迎，对所有初出茅庐的人来说，被拒绝都是一件不太舒服的事，于茉莉来说更是如此。第一次被面试官直接否定时，她走出那家公司的大门就哭了，在电梯间的镜子里，她望见了那个懦弱、胆小的自己。

　　路再难走，还是要走下去。

当现实用"拒绝"让她认识了生活时,她总算清醒了,自己不过是父母眼中的公主,走出了那个温暖的家,没有谁会给自己公主般的待遇。几个月后,茉莉找到了一份助理的工作,职位普通,薪资平平,但终归是凭借自己的能力找到的工作,对她来说,这已是莫大的鼓励和安慰。她体会着工作中的磕磕绊绊,在磨炼中不断地成熟。

后来,茉莉家卖掉了在市区的房子,一部分抵债,一部分在郊区换了套小房,剩余的部分,父亲打算做点小生意。相较从前,日子平淡了许多,就像茉莉刚来北京时那样,父亲辛苦地赚钱,母亲照顾家里,唯一不同的是,在目睹并体验了生活的起起落落后,她卸下了柔弱公主的头衔,蜕变成一个可以与父母并肩抵挡风雨的、有独立根基的大人。

茉莉以前很喜欢穿名牌衣服,现在却很少穿了,可我觉得,现在的她比以前更有味道了。有一种优雅是无关身份的,它源自内心的笃定与强大。当生命不畏洗礼,敢独立去面对所有的时候,那才是它最美好、最动人的样子。

你还有一支笔，
怕什么呢

> 我始终相信，世上没有彻底的绝望。绝望是主观的，人若感到绝望，多半也是一厢情愿的想法。人生数十载，谁都会有最不堪的时候，身处这样的时刻，只要能好好活着，终能在寥廓的天际，寻觅到闪烁的星光。

我最发憷的一件事，就是深夜看急诊，哪怕只是小毛病，也总会涌起一种距离死神很近的感觉。会有这种想法，都是源于几年前的一个雨夜，我在医院里偶遇了惊心动魄的一幕，结果成了这辈子都难以忘掉的阴影。

那天夜里，我被剧烈的胃痛折磨得快要崩溃，实在没办法，只好硬着头皮去了医院。刚走进急诊室，就听见一阵呕吐混杂着哭叫的声音，深夜的急诊大厅配上这样的声音，令人不寒而栗。怎么来形容呢？真的就像一只困兽发出的哀嚎。

值班医生表情凝重,来回小跑的护士神色匆匆,他们在抢救一个吞噬了大量安定的女孩。值班的护士说,那女孩是在感情上受了挫,想报复那个负了她的男人。她大概觉得,自己若是死了,对方就会一辈子活在内疚的阴影里。无奈,熬不住胃里翻江倒海的痛苦,最后又独自跑到医院寻求活路。折腾了半天,身心俱疲,而那个男人压根儿都没出现。

我真替那姑娘不值。那些爱你的人,会因为你的离开,肝肠寸断、痛不欲生;那些不爱你的人,你的离开,对他来说充其量不过是人生的插曲;更可悲的是,还有些人甚至会把你的永远离开当成解脱,你那昂贵的生命对他们而言,只不过是最廉价的一种馈赠。

大概是我亲身经历过突然失去亲人的痛苦,所以每次听到、看到有人说出"活着真累""死是解脱"这样的字眼时,都不免感到心寒。

哲学家伊壁鸠鲁说过一句很有代表性的话:"死不是死者的不幸,而是生者的不幸。"你在栽了跟头的时候,想用轻生一了百了,可曾想过那些爱你的、还要继续活下去的人?你所谓的解脱,带给他们的痛苦,远远大于你生存的痛苦,这是不负责任的行为。

人生没有不苦的经历,属于你的苦你就要承受,而不能随意将它们加在那些关爱你的人身上。毕竟,爱没有错。

首师大的一位心理学教授跟我讲过,那些自杀的人不是懦弱,要结束自己的生命也需要很大的勇气,他们只是绝望。当一个人对什么事情都提不起兴趣,都感到无望的时候,才有可能放弃生命。

这位教授的朋友A,是市内一家医院的外科医生。在外人看来,他家庭条件很好,事业也很有前途,完全没有理由去选择轻生。但事实上,他却真的有过那样的念头。

前些年,他本有机会晋升为外科主任,初选的结果也排在第一,本以为升职就是囊中之物,却不料在复选结果公布的前几天,原先的院长突然调职,新来的院长上任后,便宣布之前的推选无效,要求重新投票。

反正是凭借自己的实力说话,A心想,就算重来一次也没关系。然而,结果却让全院的人大跌眼镜,新院长的侄子凭借多数票,当上了外科主任。A这才知道,原来新院长有后台,给了董事会很大压力,才导致他落选。

从来都不屑于钩心斗角、靠关系吃饭的A,受到了不小的打击,他觉得所有的埋头苦干都失去了意义。论实力,自己完全有资格更上一层楼,却没想到在竞争的背后还有如此肮脏的一面。他满脑子空白,内心充满怨恨,开始厌恶周围的一切人和事。那段日子,他的脾气变得很暴躁,爱人不满他的状态,却被他痛斥指责:"你跟那些人一样!"

后来的一日，A做完最后一台手术已是晚上7点，憋闷了一天的他独自去了顶楼的平台透风。站在楼顶望着城市的夜景时，他不知怎的竟萌生出了想跳下去的冲动。他本有恐高症，但当时却不由自主地站了起来，右腿还往前迈了一步。也许是天意吧，因为体能消耗太大，他的胃因为饥饿突然疼了起来。于是，他去了食堂，吃了点东西。当他再次想起前一刻站在顶楼的情景时，冒了一身冷汗。后来，他跟教授谈起这件事时，说："没想到，生死就是一念之间的事。"

生死，就是一念之间的事。当你萌生了那个想法时，若还能想到那些爱你的人，甚至是与你共处多年的宠物，那么这一切都将成为你绝望中的曙光。电影里的绝处逢生，往往都是导演的刻意安排，但在生活这场戏里，你才是自己的导演。所谓的绝处逢生，有时不是靠运气，不是靠他人的怜悯，而是靠自己的意愿。

记得去昆明的时候，特意到西南联合大学旧址参观。当时，坐在摆满红木桌椅的教室里，我不由得想起了汪曾祺。他以第一志愿考进这所大学的文学系，也是在这里，他开始了自己的写作生涯。但这条路，他走得并不顺畅。

1946年秋天，他从西南联大毕业后，独自去了上海，打算单枪匹马闯天下。他白天四处去找工作，累了就坐在路边的石凳上，抽一支烟，看看书。有时，读得上瘾了，就把找工作的事忘得一干二净。到了晚上，再回简陋的旅馆歇息。

不久后，他兜里的钱快花完了，能找的熟人也找遍了，能尝试的路子也尝试了，还是没有找到一个谋生之所。终于有一天，汪曾祺被海啸般的狂躁夺去了理智，他仿佛变身成一头咆哮的狮子，摔碎了旅馆里的茶壶茶杯，烧了写到一半的稿子，拼命地吼叫着。最后，他给远在北京的沈从文先生写了一封诀别信。

那封信寄出后，汪曾祺拎着一瓶子酒在街头喝，一口口烈酒吞咽下去，心中涌动着生不逢时的苍凉。他一边喝，一边想着用什么样的方式结束生命。他喝得迷迷糊糊，最后趴在街上睡着了，好在几个相熟的朋友找到了他，将他带了回去。

沈从文先生很快就给汪曾祺回了信，信中将他狠狠地骂了一顿，并写道："为了一时的困难，就这样哭哭啼啼的，甚至想到要自杀，真是没出息！你手里有一支笔，怕什么！"汪曾祺这才知道，沈先生初到北京时，也有过类似的遭遇。那时的沈先生刚刚20岁，在北京举目无亲，只读过小学的他连标点符号都不会用，却一门心思想着靠笔杆子闯天下。过程之艰辛难以言表，但他最终做到了。

沈先生的信，先是让汪曾祺如遭棒喝，到最后却也让他偷偷地笑了。不久以后，在沈先生的推荐下，汪曾祺的两篇小说在《文艺复兴》杂志上发表,而他随后也进入上海的一家民办学校当起了老师。再后来,他也跟沈先生一样,成了作家。

我始终相信,世上没有彻底的绝望。绝望是主观的,人若感到绝望,多半也是一厢情愿的想法。人生数十载,谁都会有最不堪的时候,身处这样的时刻,只要能好好活着,终能在寥廓的天际,寻觅到闪烁的星光。

生命不是因为悲伤
才有意义

当一颗心被磨难这把尖刀划伤的时候,与其乞求着伤口消失,不如祝愿自己能够战胜它。这个世界不是只有黑白两种颜色,许多事情的答案也不止一个。潮落只是大海的一面,也许它在酝酿着更高更大的潮起,失去只是人生的一时,也许下一刻就将得到生活的馈赠。

"从小喜欢唱歌,希望成为优秀的舞蹈老师,生活在平凡的小镇上,刚刚成为一个孩子的妈妈。大地震一夜之间改写命运,埋在废墟里26小时,失去女儿,失去双腿,失去婚姻,如果失去一切,还能靠什么挺过明天?"

苏梅翻开廖智新书的第一页,看到的就是上面的这段话。当即,她就买下了,然后揣着这本书走进了书店旁边的咖啡馆里,在那里窝了整整一下午,一字不漏地看完了。就像最后一句话所说——"如果失去一切,要靠什么挺过明天?"这,是苏梅最渴望找到的答案。

从青春的校园走到婚姻的殿堂,她和韩峰走了整整八年。

他们是高中时代的同学,之后她去了金融学院,韩峰去了警校,四年的大学生活让他们天各一方,即便如此,也并没有让他们的爱情转移。毕业后,他们就开始商量着结婚的事,并由两家共同出资买了婚房。

一切,都是那么地顺利,那么地自然。和心爱的人在一起,没有房贷车贷的压力,也都有了稳定的工作,生活只要按部就班地过下去,便是幸福的和令人羡慕的。

或许,这情路就是太顺利了,太平静了,才会让一颗心开始有了躁动不安的欲望。

谁会想到,在苏梅怀孕两个月的时候,她和韩峰离婚了。一向沉稳的韩峰,竟出轨了,且丝毫没有悔意。这场意外来得措手不及,苏梅也是个要强的姑娘,她不可能委身去乞求一个背叛爱情的人留下来,就算勉强凑在一起,两人之间的嫌隙终究无法消除,任何时候,那都是一道令人不悦的疤。索性,放手吧!

让苏梅最痛的不是离开韩峰,是腹中的孩子。想到是自己的亲生骨肉,她怎么也舍不得抛弃,可再想到孩子无法生活在一个完整的家庭里,却也是一种苦。就在她辗转反侧、犹豫着是否要这个孩子的时候，孩子似乎冥冥中感受到了她的为难，在某个清晨，主动地离她而去了。

　　昨天还在万花丛中相拥相吻，今日却形同陌路留给她满身伤痕。回想这一切，恍如隔世。她努力在人前表现出无所谓的样子，却不能掩盖从心底冒出来的疑问，这个声音在她的脑海里久久不能散去："为什么要这么对我？我以后的路该怎么走？"

　　没有人能给苏梅一个答案，直到她了解了廖智经历的一切，看到这个失去爱情、失去孩子、失去双腿的女子说："生命并非因为悲伤才有意义。我的生命里面已经没有什么可以被我挥霍的，所以我必须珍惜每一天，我必须把握好每一天。"她恍然悟到了什么。

　　渐渐地，苏梅的消息从朋友圈里消失了。大家各自忙着，也无暇过问太多，或者说不知道该怎么问。毕竟，一个人的痛苦与磨难，说到底只能自己背负，她若不相信自己有承担这一切的勇气和能力，外人的言语与支持，终是徒劳枉然。

　　再次和苏梅像过去一样闲聊，已是一年多以后了。

　　时间真是个好东西，至少有些伤，会逐渐随着时间的流逝而结痂，也许看起来还有些丑陋，但至少有勇气直视它的存在了。至于疼痛，似乎也随着亿万次的秒针移动而变得麻木。苏梅在说起这一切的时候也是淡淡的，静若止水。

隐匿的这一年，苏梅在新东方上培训班，为远赴新西兰留学做准备。我一度在想，她是不是在逃避？去陌生的国度，远离伤心地，假装一切都不曾发生？可是，看着她的一颦一笑，我又推翻了自己的假说。有些东西，是永远无法伪装的。

她似乎早已猜出我的心思，笑着解释："放心吧，我不是为了躲谁。我一直都有留学的想法，只是那时候跟韩峰在一起，我舍不得。所以，感情刚出问题那会儿，我真的想不明白，骂自己干吗那么早结婚，觉得把这一辈子都给搭进去了。"

还未等我开口，苏梅又说："你肯定想问，我后来怎么又想明白了？人大概都是这样，自己遇到了倒霉的事，就会特别留意跟自己有同样境遇的人，甚至比自己更倒霉的人，想看看人家是怎么'活'过来的。以前老想着自己失去得太多，不知道怎么往下过，看了别人才知道，多难都有办法往下过，除非你不想往下过。我就问自己，还有什么事情是一直想做、能做，但一直没有做的？就这么着，我想到了留学。以前为了感情放弃了，现在没有任何牵绊了，正好……"

我看着苏梅那张白皙的泛着微笑的脸，仿似在那对浅浅的酒窝里，望见了她心中的喜悦与憧憬，还有一个灿烂的明天。有些事情，看似是一个残酷的结束，但只要生活还在继续，那结束也不过意味着另一个开始。

想起之前看过的一本书,是美国女孩贝瑟尼·汉密尔顿撰写的《人生要有承担失去的勇气》。这个无比热爱冲浪且极具天赋的女孩,在一次冲浪中不幸被鲨鱼咬掉了左手臂,所有人都以为,她的冲浪生涯就此画上了句点,却不料在克服了生理与心理上的一切障碍后,她竟重返冲浪赛场,并成为全美冲浪锦标赛上的冠军。

贝瑟尼不是生来的强者,也不只是活在故事里的人。她跟你我以及苏梅一样,也曾想过,假如人生不曾失去那些重要的东西,是不是会活得更好一些?但事实上,也恰恰是因为有了那些不美好的经历,才让她对生命、对未来有了全新的思考,也让她成为现在的自己。

在贝瑟尼的书中,有诸多堪称经典的总结性话语,那不是刻意制造的字句,也没有绚丽的辞藻,却总能一语中的,直指人心。她说:"人最美好的就是从灵魂里透出来的生命力,那份顽强,以及那份对生命的向往。我不能向你承诺幸福的生活唾手可得,但我可以向你保证,无论你的人生糟到怎样的程度,无论你的生活里曾经失去了什么,只要鼓起勇气承担,感受它,并且享受它,雨过终会天晴。"

如此感悟,不曾经历,怎会懂得?

有些事情,逃避未必可以逃得过,面对也不一定最难过。当一颗心被磨难这把尖刀划伤的时候,与其乞求着伤口消失,不如祝愿自己能够战胜它。这个世界不是只有黑白两种颜色,许多事情的答案也不止一个。潮落只是大海的一面,也许它在酝酿着更高更大的潮起,失去只是人生的一时,也许下一刻就将得到生活的馈赠。

我们,永远都有路可走。

一起熬过黑夜的人
总是相爱的

> 这辈子,有一段顺风顺水的婚恋固然好,但终究不是谁都有那一份幸运。无论暴风雨的考验何时降临,敞开心扉接纳它吧!我始终相信,一起熬过黑夜的人总是相爱的,有了彼此的陪伴,聊着聊着天就亮了,不至于那么寒冷孤独。

倘若爱情能够轻而易举地被人琢磨透,或许就不能算是世界上最值得珍惜的事物了。

顾漫的蜜月,是在病房里度过的。这个时而明媚、时而忧伤的女文青,在脑海里憧憬过无数次蜜月的景象,或是在希腊的某个小岛,或是在游轮上看日出,或是栖居在海景房里聆听涛声,再不济也是在家里享受温馨的假期,但绝不该是在病房里做陪护。

半年前，顾漫的爱人视网膜脱落，做了玻璃体切割和硅油填充术。术后视力恢复得不错，只等视网膜长好后再取出硅油，植入人工晶体。婚礼过后，顾漫陪爱人到医院复查，专家告知硅油已有乳化的迹象，可安排手术尽快取出。

　　顾漫以为，一切都会跟预期中所想的那样。但在术后，医生却告知，没有植入人工晶体，硅油取出后右眼的视力不足0.3，即便是植入也发挥不了什么作用。这就意味着，丈夫的视力可能在很长一段时间里都会停留在这个阶段，能否有提升因人而异。

　　这个消息，对新婚的顾漫来说，是一个难以接受也不愿接受的现实。她在想，是不是人生真的不允许圆满？曾谈了两场失败的恋爱，弄得遍体鳞伤，幸好遇见了他，让自己终于有勇气停靠下来不再漂泊，却没想到，生活的考验来得如此突然。

　　顾漫被这件事折磨得寝食难安，心里就像堵了一堆的煤球，怎么都透不过气来。倒是丈夫，似乎并不怎么难过，很坦然地接受了现实，还要时不时地开导顾漫。可惜，这似乎都是无用功，顾漫还是钻进牛角尖里不肯出来，那感觉就像是在说："这城市里的男男女女都在恋爱，为什么我爱得那么难？"

　　顾漫不是爱得太难，是从一开始就错解了爱的定义。

　　她理想中的爱人是这样的：感冒他能带我去医院照顾我，

肚子饿他能二话不说带我去吃饭，给我十足的安全感，有上进心会赚钱养家，答应我的事能说到做到，包容我的坏脾气和无理取闹，不管去哪里做什么都不用我操心，安心跟着他走就行。

听起来很美妙，无不令人向往，但仔细琢磨就会发现，这样的爱似乎有点问题。所有的一切都是在索取，却没有说出倘若调换一下位置，"我"能不能这样对"他"？婚礼上的那句誓言，无论贫穷富有、健康疾病，都愿意不离不弃，不是一句空泛的场面话，那是要用真心和行动去实践的诺言。

在多数人的意识里，健康疾病、不离不弃的"适用范围"应该是在中年期和老年期，就像顾漫跟我说的："要是40岁的时候遇见这事儿，我兴许还能接受。"可我却觉得，要是顺顺当当地到了40岁，出了这样的事，她也许比现在更闹心。

我们都曾以为，有些事情长大了就好了，但长大和成长并不是一回事。只要时间在流逝，年岁都会增长，但若不经世事，心智永远无法成熟。岁数长了不一定会变坚强，人对痛苦的承受力，对生活的理解，永远都是在经历磨难后悟出的。

看着顾漫痛苦地向我寻求宽慰，我不知道该说什么，只是想起很早以前看过的一句话："如果你知道别人也曾有过跟你一样的经历，虽然痛苦不会减少，但至少能获得一些安慰，乃至力量。"所以，我跟她讲起了芒果姐的故事。

芒果在爱情这条路上，兜兜转转一大圈后，爱上了待她极好的H君。

H君的命运也挺坎坷的，父母都没了，也无兄弟姐妹，当遇见芒果这个通情达理、善良有趣的姑娘时，他比别人更懂珍惜。在芒果身上，他找到的不只是爱情，还有缺失的亲情。两个人无论从哪方面来说，契合度都非常高，过日子这件事，若能找到能吃到一块儿、玩到一块儿、时刻有聊的对象，太不易。

恋爱过后，婚姻被排上了日程。然而，芒果的家人坚决反对她和H君在一起，倒不是因为外在的条件，而是H君患有肾炎。事情恰如预料的那般，婚后的第二年，H君的肾炎就发展成尿毒症。那时的他们，还不到30岁。

芒果没有歇斯底里地哭闹，她每周都会陪H君去做透析，自己的工作也安排得很好。疾病的存在，并未妨碍他们对生活的享受，反而让他们更珍惜在一起的日子。在H君刚诊断为尿毒症，且体力并未受到太大影响时，他们去了一次马尔代夫，一次毛里求斯。到后来H君不能久坐飞机后，他们就去三亚、银滩，改成了国内短期游。

肾病患者在饮食上是有严苛要求的，但芒果和H君却没有对这件事发过愁。他们有一个共同的"思想法则"，如果是必做不可的事，那就开心地去做。俩人将可以吃的食材，变着花样地做成美食，研究不同的菜品，乐此不疲。

周围的亲人朋友,一度替芒果发愁,说不知道她的日子该怎么过,芒果洒脱地说:"该怎么过就怎么过!身体没毛病又怎么样?也不见得事事顺心吧!"确实,芒果和H君跟我周围其他的年轻夫妻相比,生活质量是很高的,该旅行旅行,该换车换车,该享受就享受,在一起一天,就让这一天有意义。

当顾漫得知这世上还有芒果这样的女子,还有这样的爱情时,她问我:"H君现在怎么样了?他们还好吗?"我笑笑,告诉她生活总有意外的惊喜和奇迹,芒果和H君本以为此生只有两个人相依为命,但如今他们的生命已经有了延续。

我不知道顾漫究竟是怎么从牛角尖里钻出来的,只知自那次彻谈后,我再见到她的时候,她脸上所有的阴霾都散了。说起爱人的病,她也能坦然地调侃道:"要是哪天他真看不见了,我就拉着他去地铁里卖唱,我举个牌子写着'不离不弃',看能感动几个人……"

当我写下这篇文字的时候,顾漫已经开始了水深火热的新生活,她升级做了妈妈。

记得在看《暗恋桃花源》的时候,被里面的一句话感动了好久:"他们都在用力地爱,却不懂得爱,大家都只知道我想要,我想要,可成熟的爱不是索要,而是给予。"

没有谁一开始就能领悟爱的真谛。我目睹了顾漫在爱情路上成长的经过，从始至终她都在用力地爱着丈夫，只是最初的爱是索要，缺少承担的勇气，略带狭隘和自私。恰恰是历经了那场疾病，她的爱情，熬过了痛苦的挣扎，变得厚重而深邃，包容而旷达。

这辈子，有一段顺风顺水的婚恋固然好，但终究不是谁都有那一份幸运。无论暴风雨的考验何时降临，敞开心扉接纳它吧！我始终相信，一起熬过黑夜的人总是相爱的，有了彼此的陪伴，聊着聊着天就亮了，不至于那么寒冷孤独。

Chapter3
伤口处开出的是一朵花

开在沙漠里的依米小花

> 对任何人来说,离开舒适区,在变化中适应,都是一件痛苦的事,但如果我们所经历的挫折痛苦,都是在追逐梦想的过程中产生的,那么,请务必忍受它。终有一天,它会让你的人生像依米小花一样,绽放出最美的样子。哪怕梦想最后没有实现,我们的生命也会因此变得丰盈。

人在不顺心的时候,好像特别容易走下坡路,不知这是不是从反面证明了所谓的吸引力法则,反正,我是在四处找寻工作无果、生活陷入困顿的时候,把钱包丢了。那是我长这么大,唯一一次丢钱包,倘若是现在,我可能只是觉得麻烦,还得补办各种证件和卡,可在当时,我却只想放声大哭,问问这世界,干吗要这么为难我?

我究竟是怎么回到出租房的,自己也不清楚,总之就是恍恍恍惚惚、失魂落魄。我向来是不喝酒的，可那天就是觉得压抑，从小店里买了三听啤酒，在房间里灌自己。喝到一半，就觉得胃里胀胀的，还有点头晕。对门开服装店的女孩莉找我借东西，见我一个人傻乎乎地喝酒，脸还泛着红，就问我怎么了。

没有人关心还好，一旦有人关心，反倒让我瞬间脆弱得一塌糊涂。我竟在她面前哭了，说自己丢了钱包，本来交了房租就没剩下什么钱了，再找不到工作就只能回家了。我们已算是熟人，她半开玩笑地说："多大的人了，多大点儿事，还至于这样？再怎么说，你离家近，还有地方回呢，比我们这样的北漂强多啦！"说完，她拿起桌上的啤酒喝了一口，告诉我，她刚来北京时，比我要狼狈得多。

我时常在想，是不是每个人的青春，都有一段不堪回首的日子？也许是一次惨败，让我们输得心服口服，终于收敛了狂妄的心；也许是一场失意的爱情，让我们刻骨铭心，无法忘怀，最终在岁月的轮回里学会了珍惜；也许是一个不眠夜，让我们痛彻心扉地哭过后，瞬间懂得了成长。至少，在听莉述说时，我是这么觉得。

莉来北京的时候，单纯得像一张白纸，脑子里勾勒出了未来的各种模样，只等着用时间这支七彩笔去尽情地描绘。她以为离开了闭塞的小镇,很快就能融入灯红酒绿、繁华喧闹的北京,只要自己肯努力,总能找到立足之地。她还想象着,在这里会邂逅朋友、邂逅爱情、邂逅成功,因为这里叫北京。

生活最喜欢做的一件事,大概就是叫醒那些在酣睡中做美梦的人。

坐了二十几个小时的火车,第一次来到北京的莉,还没顾得上看看周围的景色,就经历了一场灾难。她刚走出车站,正准备坐车去投奔朋友,才发现自己的羽绒服口袋不知什么时候被人割开了一个长长的口子。

当见到朋友的时候,她满腹委屈,两眼含泪,却还是挤出了一抹微笑。她只想到过大城市的繁华热闹,却忘了还有鱼龙混杂。

安定下来后,莉急着要找一份养活自己的工作。她以为,仗着自己形象好、气质佳,找个前台、文员之类的工作肯定不难,却没想到,多少年轻的女孩都盯着这些职位。在这些竞争者里,比自己条件好的多得是。她学历不高,也没什么能拿得出手的工作经验,英文一知半解,口才平平,应聘了不少家公司,都没人抛来橄榄枝。难道,真的要靠朋友接济生活吗?那样的话,又能维持多久?谁并不比谁容易,谁也没有那样的义务。

为了尽快让生活稳定下来,莉在出租房附近找了一份工作,就是给一家精品服装店做导购,底薪不高,但提成还可以。没有任何销售经验的她,做起这份差事并不轻松。她不知道该如何给客户推荐衣服,不清楚服装的各种面料,给顾客的搭配建议也总遭到否定,跟不同年龄、不同身份的顾客聊天的技巧,她也不懂。店主虽然没有直接斥责她,但眼神里透出的不满,以及偶尔的轻蔑语气,让她心里像堵了一堆煤球。

人在屋檐下,不得不低头。生存的压力摆在面前,她没有太多的选择,再难受也得熬着。做销售最难的,就是跟人打交道。接触的人越多,遇到的问题和麻烦也越多,但处理问题的能力提升得也快。渐渐地,她心里有了个念头,将来开一家自己的店。

说来容易做来难。要开店,启动资金就是一大笔钱,还要有经营店铺的经验。莉把每个月的假都抹掉了,为的是多卖出点东西,多赚点钱。在店里做了三年,她省吃俭用,也算有了少许的积蓄,跟着店主更是学到了不少经营之道。她再也不是那个青涩的小导购了,言谈举止间,多了几分自信,也建立了自己的审美观。

离开服装店后,她在市场里租了一个小摊位。为了节省成本,她一个人坐二十几个小时火车到南方进货。进货回来后,加班加点地把新货整理好,经常一收拾就到凌晨两三点。货物卖得好,感觉所有的付出都值得;货物积压,资金周转不开的时候，却是最难熬的，只得将一些服装打折处理，有时只能收回本钱。那种睁开眼就得忙碌，闭上眼还要惦记房租的日子，对一个年轻女孩来说，很煎熬。

好在，一切都过去了。现在的她，已经租得起门脸房了，但为了节省开销，她还是跟我一样，租住在城中村的小屋里。莉说，她还是有点羡慕我的，看似处境一样，但其实并不一样。我只是为了证明自己的独立才离家，但若真的遇到了难处，两个小时就能回到父母身边，甚至父母会出现在我面前，给我一个臂膀。而她在这里却举目无亲，遇到难处时连个依靠也没有，远水是解不了近渴的。

现在想想，好像是这样。面对生活的难题，靠不靠别人是一回事，有的靠跟没的靠是另外一回事。莉说，当自己丢了钱包、身无分文的时候，根本没想过还有今天，就只想着得在这个陌生的地方活下去，仅此而已。

在光与影交织的生命长河中，莉走得诗意且坚强。她就像沙漠里生长的依米小花，生在人迹罕至的荒漠里，选择了磨难和等待，用十年的时间汲取养分，蓄积能量，最终吐绿绽放。世人多惊叹于它的娇艳欲滴，却鲜少有人知道，那其实是磨难赐予它的礼物。

泰戈尔说，你的负担将变成礼物，你受的苦将照亮你的路。白岩松在安慰柴静的时候也说过，人们声称的最美好的岁月其实都是最痛苦的，只是事后回忆起来的时候才那么幸福。

从前，我无比厌恶那些倒霉的事儿，现在却平和了许多，不喜欢却也不咒骂，它就是生活的一部分。对任何人来说，离开舒适区，在变化中适应，都是一件痛苦的事，但如果我们所经历的挫折、痛苦，都是在追逐梦想的过程中产生的，那么，请务必忍受它。终有一天，它会让你的人生像依米小花一样，绽放出最美的样子。哪怕梦想最后没有实现，我们的生命也会因此变得丰盈。

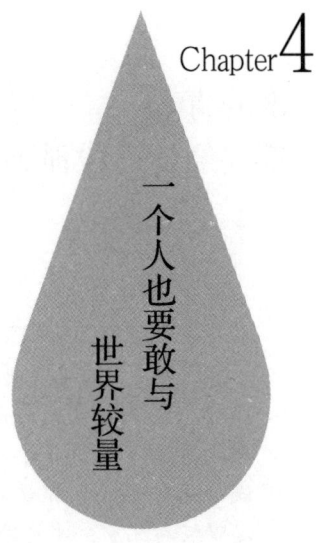

Chapter 4

一个人也要敢与世界较量

独善其身的孤独是"拥有"孤独,但更精彩的孤独是能"享受"的孤独,独立地合群,乐于分享正能量。

/素黑

谁的青春，
都要经历一段孤独不安的日子

没有谁的青春是踩着红毯走过的，也没有谁能够毫不费力、步履轻盈地赢得掌声，在熠熠生辉之前总要挨过一段孤独不安的日子。如果你只为自己的人生画一条浅浅的吃苦底线，那就不要妄想抵达幸福的极限，唯有扛起曾经的沉重，才能禁得起岁月的打磨。

黄豆泡了一整夜，有五颗豆子就算再怎么按下去，过一会儿还是会漂上来。早晨起床打算煮豆子时，陈路就看到它们突兀地漂在那里。回过头想叫嘉欣起床，看到空荡荡的床，才意识到她已经搬走了。

陈路来北京有三年了，起初她是抱着明星梦来的。那时候，她每天都在北影制片厂附近晃悠，希望有个导演或是制片人发现她。但后来发现这样是徒劳无功，带来的钱很快就要用完了,她没办法再这样悠闲下去。

她想了一个折中的办法,那就是在北影制片厂附近的店里工作,这样既有机会被发掘,又可以维持生计。令她感到窘迫的是,这里的人才市场似乎已经饱和,没有一家店招新员工,于是她只好挨家挨户去问。

她的条件很低,不要工资,只要包吃包住就好。但所有人都对她说不,在这里,所有的店都是只发工资不包吃也不包住。陈路有点沮丧,但她最终还是找到了工作。

那是一家非常漂亮的咖啡馆,门口有一只瓷猫,店不大,只有两三个店员。陈路第一次去的那天,老板娘很忙,她甚至在陈路说话时都没有抬头看她一眼,但做好咖啡走出吧台后,她看了一眼陈路,说:"你明天来上班吧。"

陈路的欢欣雀跃持续了没几天就冷下来了,因为她突然发觉自己并没有火眼金睛。导演和制片人像所有的普通人一样,他们穿着普通的外套,没有帽子,也没有标志性的马夹。

是的,有无数个北影制片厂的人来这里,陈路却一个也认不出来。她有些沮丧。

后来竟然有了一次试镜的机会,只不过是一个非常小的角色,但这毕竟是机会。陈路跟着另外几个女孩子一起进去。导演出了一个很简单的题目,陈路顺利通过了,却听到导演说要在晚上8点去附近的一家酒店讨论一下戏。他特意强调了一下,所有人都会去，到那时就会确定人选。

陈路也就没有多想，但故意走得慢吞吞的，希望能跟导演多沟通一下，却意外听到屋里两人的谈话。

原来，这个角色已经内定为副导演的侄女，且之后还会继续加戏。而晚上的所谓讨论，是做给制片人看的，副导演的侄女也在这群小姑娘的队伍中，只要给她一些指导，她就能脱颖而出，一切就能做得不动声色。

陈路恍恍惚惚回到咖啡馆，整个人像霜打了的茄子，那天她频频出错，记错咖啡的口味，上错甜点。最后，老板娘叹了口气，说："你回去休息吧。"

恰好那天嘉欣的男朋友搬进了一个较大的房子里，身心俱疲的陈路回到家之后，听到的第一个消息是嘉欣要搬去和男朋友同住了。对陈路来说，眼下的困难不是一个人住，而是此后她要独自一人承担房租，咖啡馆里只有象征性的一点工资，此前除了付房租，还可以再买两条裙子，但如果嘉欣离开，陈路连房租都付不起。

但嘉欣最终还是走了，陈路每天提心吊胆地住在那里，随时准备着被赶出去。她不明白为什么北京的房租这么贵，在她出生的那个小县城里，这样的房租可以让她拥有一个50平方米的单元房，但那里没有机会。

该来的总是会来，那天回家时，陈路看到自己的行李被扔在门外，衣服乱成一团，鞋子被压在行李箱下。她觉得自己应该去找房东讨个说法，但她放弃了。她记得当时自己顺从地蹲了下来，开始认认真真收拾自己的行李。

房东在二楼窗边站着，透过玻璃冷眼看着这一切。

陈路不知道是不是每个人都有一个这样糟糕的夜晚。

后来，她去嘉欣那里借宿，嘉欣的男朋友去了朋友家。楼下卖烤肉的小摊还没有打烊，有人在喝酒，非常大声地在划拳，他们谈起自己做的生意，一会儿吹捧对方，一会儿又吹嘘自己。陈路不知道他们哪里来的精力和时间，据嘉欣说，恐怕得到凌晨两三点才会收摊。

半夜，嘉欣已经睡着了，陈路突然有些内急，但嘉欣租住的房子没有厕所。这里是城中村，不知道为何，这个村子里家家户户都没有厕所，只有一个公共厕所，负责看厕所的老太太是个疯子。

陈路走到厕所的时候，老太太躺在藤椅上睡觉，树上挂着一个灯泡，忽明忽灭。一听到脚步声，老太太就醒了，面无表情地看着陈路，半天吐出一个字："钱。"

厕所恶心得简直令人发指，陈路用手机的光照了一下，就连忙跑了出来。她凭借记忆，在附近绕了半天，总算找到了公园，又在公园找了半天，才找到了公共厕所。蹲下的一瞬间，她发现头顶的集热板到了夜晚宛如一面明亮的镜子，更要命是，投射的影像并非女厕所而是隔壁的男厕所，她清楚地看到有三个人正在隔壁小便。

她把脸捂着上完了厕所，希望隔壁的三个人什么都没有看到。

走回住处，却发现留着的门锁上了，估计是被刚才的一阵风刮的，陈路敲了将近10分钟的门，也没人来开门。给嘉欣打电话，站在楼下都能听到，铃声让陈路有点心烦。有居民开始大声抱怨，陈路只好挂了电话。

"房东夜里的时候会出来上厕所，要不你在这儿等等她吧。"

陈路转过头，发现说话的人是烤肉摊的摊主。这是他们第一次见面，她以为对方会是个油腻的大叔，却意外地发现对方是个非常清爽的男生。

他冲她笑了一下："烤肉还剩最后一把，估计也不会有人来了，带回去老头子肯定要骂我，不然请你吃好了。"

陈路有些警觉，但看了一眼紧闭的门和深邃的天，鬼使神差地就坐了下来。

那个男生一边烤肉，一边询问陈路："辣椒要多少？"

陈路狠下心来，喊了一声："越多越好。"

两人就着月色吃起烤肉，男生和陈路聊起天来。后来问起彼此的职业，男生显得很兴奋，在身上摸了半天，拿出一张皱巴巴的名片，他有些不好意思地说："我一直想当个编剧。"

陈路很疑惑，问他为什么不去写作而在这里卖烧烤。他说自己大学毕业后一直找不到工作，就想着帮爸爸看一下摊子，这样家里还可以顺便卖早点。虽然有部分写作时间被占去了，但收入很高，他就可以不用为了生计写自己不愿意写的剧本了。

尽管没有办法专职写作，但他还是有很多空闲时间，可以四处找寻灵感。他甚至已经和朋友合作拍了几部微电影，虽然目前还没有盈利，但已经获得了很多观众的认可。

陈路沮丧地提起了自己的经历，男生听完却感到很讶异："才失败一次就灰心丧气了，那这样你还是干脆放弃吧。"

陈路愣在了那里。

"你知不知道我第一个微电影的剧本投了多少次才成功？我投给了121家公司，失败了就再来，在第120次的时候我就快要放弃了，我跟自己说，没有人会认可你的，你就一辈子卖烧烤吧。晚上，我在床上翻来覆去睡不着，我觉得自己不能就这样过完一辈子，所以我又投给了另一家公司，最后成功了。你呢，失败一次就放弃了，又不是每个剧里的每个演员都是靠关系进去的，这个不行就试下一个啊。"

陈路还没来得及回答，就听到了院子里的脚步声，门打开了，房东顶着乱七八糟的头发睡眼惺忪地走了出来，陈路连再见也没说就走了。房东匆匆瞥了她一眼,就去上厕所了。

回到房间后,看到手机上显示的时间是4点。烧烤摊的摊主为了陪她,将收摊的时间无限延长,她心里有点不是滋味。嘉欣翻了个身,迷迷糊糊睁开眼睛,咕哝了一句:"快睡吧。"

陈路把手机塞进枕头下面,说了声好,看到楼下的灯已经灭了。

她打算明天就回去上班,她离制片厂那么近,多的是试镜的机会,那个男生说得对,总不可能每个剧里的每个演员都是靠关系进来的。最不济,她还可以当群众演员,先熟悉一下表演。想到这里,陈路心满意足地睡着了。

没有谁的青春是踩着红毯走过的,也没有谁能够毫不费力、步履轻盈地赢得掌声,在熠熠生辉之前总要挨过一段孤独不安的日子。如果你只为自己的人生画一条浅浅的吃苦底线,那就不要妄想抵达幸福的极限,唯有扛起曾经的沉重,才能禁得起岁月的打磨。如果此刻的你,正走在追逐梦想的路上,渴望成为别人无法企及的自己,那就在你所选的道路上付出别人难以企及的努力吧!

总有一段路，
你得一个人走

> 在人生的旅途上，能够找到一路携手的人固然是幸事，可有些时候，有些路注定只能一个人走，有些心情只能一个人感受。经历过孤独与寂寞，还可以锻炼自己的意志，如此，孤独也就被赋予了全新的意义。

前段时间，G小姐跟我语音聊了许久，她苦大仇深地调侃说，自己无法再爱自己了。

22岁开始工作，到现在快十年了，每个月的工资虽不少，然而银行卡的存款却只有几千块钱，这还是十年来最好的状况。在此之前，G小姐一直是卡奴，幸好同事提醒她，不然她根本就不知道信用卡的循环利息那么高。把欠的所有债务还完后，她感觉轻松了不少，生活上也开始有意控制开销，但每个月的工资还是"白领"。

G小姐说，她很想存钱，原本计划30岁左右出国游学，可如今看来，理想之路还很遥远。问及G小姐的钱都用在什么地方了，这姑娘的回答，简直让我瞠目。

几十块钱的饰品，一个月要买几次；每天一杯星巴克咖啡，月消费也不少；周末从不在家，各种约饭要消耗一大半；最离谱的是电话费，她是做业务的，靠手机跟客户沟通是必须的，但除了报销的费用外，每月的话费依旧要四五百。

听完她的絮叨，我总算明白了。其实，她的钱表面看起来是用来吃喝玩了，实则是用来排遣寂寞了。无论做什么事情，她都渴望有个人陪着，否则就会坐立不安。真正阻碍她实现梦想的根本不是金钱，而是她对孤独的恐惧，就算真的有足够的经济条件让她去游学，在举目无亲的异国他乡，独自去应对所有，也绝对是一场巨大的考验。

通往梦想的路，往往都是孤独的。那些沟沟坎坎，那些硌得你脚底生疼的石子，都要你一个人去体验，去承受，谁都无法代替你去走。纵然有人能陪你走一程，但个中滋味依旧如人饮水，冷暖自知。

每个人都是独立的个体，有独立的思想，追逐的目标也不一样，总会有分道扬镳的那一天。在梦想之花绽放之前，你必须默默耕耘，承受着一个人的孤独、寂寞和冷清。即便是成名之后，依然要面对"高处不胜寒"的境遇。

可是，真的没关系，就像《中国合伙人》里所说："成功路上最心酸的是耐得住寂寞、熬得住孤独，总有那么一段路是你一个人在走，一个人坚强和勇敢。也许这个过程要持续很久，但如果你挺过去了，最后的成功就属于你。"

我的另一个女友乐儿，也是个追梦的女子。

依稀记得，出国前的那一年，乐儿的日子过得苦闷无比。有一次，已是午夜时分，她发信息给我："一盏孤灯，一本厚书，怀揣的是什么？只有梦想。"

简短的一行字，透出坚定的光芒。我懂，她并不是在标榜自己的努力，她只是累了，想宣泄一下心情，但又不愿让其他人觉得矫情，只能发给最信任的知己。

她在学校的通宵自习室里，周围安安静静，教室里的人寥寥无几，他们有的趴在桌子上睡着了，有的看电影看得入神，有的跟恋人一起静静发呆。乐儿拿着GRE的红宝书，那些枯燥零散的单词，像一个个被施了魔法的家伙，在"消灭"了不久之后，又自动"复活"，她就在背了忘、忘了背的循环中，看每天的日出与日落。

曾几何时，她还想着能有人与自己并肩作战，在相互扶持和鼓励中，自己能走得更快、更稳，待到成功时，一起举杯庆贺，把酒言欢。室友中有人要考研，但愿望并不是那么强烈。

于她们而言，考研就是逃避现实压力的一条途径，考上了，就能晚几年再去工作；若考不上，也就算了。

很多时候，人一旦有了退路，往往就无法全力以赴。乐儿从未给自己留过退路，所以凌晨时分的她还在通宵自习室里苦读，而室友却在宿舍里蒙头而眠。偶尔，乐儿也觉得孤独，但是自己既然选择了这条路，就要忍受过程中的孤独和寂寞，吞咽所有的苦楚。

总算熬到了拿到录取通知书的时候，却没想到，接下来的路依然是一段漫长的孤独旅程。

走出国门，到了一个陌生的环境，面对着陌生的人群，看着那些明明都认识却怎么也看不顺眼的英文路标，游走在异国他乡的土地上，前所未有的孤独感萦绕在心间。乐儿一直是个怀旧的人，她总是需要花费更长的时间才能从过去走出来，熟悉并爱上新的环境。

现实是残酷的，它不会因你的心情和性格而给你长短不一的适应期，无论你多憋屈、多别扭，都必须强迫自己融入现实，因为你要生存下去。对乐儿来说，诸多和生活有关的问题摆在眼前，她必须尽快熟悉新的环境，必须知道搭乘什么车能够到商场，还必须独自到银行办理业务……其实，她内心也很渴望有一个熟悉的身影出现，带着自己去做这一切，可是真的没有，所有的期待和幻想不过是在消磨时间，该做的事总得做，哪怕是硬着头皮也得去做。

乐儿刚到国外的那阵子，跟我的联系甚少，不只是因为忙，更是害怕在熟悉的人面前，心理防线会瞬间坍塌。相隔万里，她不能寄希望于任何人，就算可以去别人身上寻找经验，但最终要去做那件事的人，终究还是自己。乐儿不想让朋友看到自己狼狈的样子，更不想让亲近的人为自己担忧，但也正是那段难熬的、无所依靠的日子，让她变得坚强。

现在想来，一个人学会独立的过程，往往是成长得最快的时候。

留学的目的，一半是为了吸收知识，另一半是为了增长见识。间隔年（Gap Year，一种西方文化，青年在升学或毕业之后、工作之前的旅行）的那场旅行，乐儿依旧是独自完成的。原本，她跟校友约好同行，谁知对方却在临出发前变了卦。

一个人要不要去？乐儿在心里纠结了好久。若是去，就得一个人到陌生的国家和城市，独自面对所有；若是不去，就买机票准备回国，但不知道何时才能再有这样的机会。难道，就这么离开这片土地吗？乐儿反复问自己，总觉得有些不甘。

背上背包，按照既定的路线，乐儿出发了。

时尚与浪漫共存的巴黎，历尽沧桑的罗马城，如同上帝的眼泪一般的威尼斯，繁华背后的纯情古城米兰，徐志摩笔下的"翡冷翠"之城佛罗伦萨，适合流浪的布拉格……所见所闻，给了乐儿无尽的精神享受。沿途,她碰到过许多热心的人,也见识过许多不懂当地语言却在异国他乡生存下来的人们,这一切帮她彻底扫除了内心的恐惧。

归来后,她自豪地说:"今后不管让我一个人去什么地方,我都不会害怕了。"

我信。当一个人走过陌生的路,看过陌生的风景,在行走中找寻到那个强大的自己时,他就不会再畏惧生活。这段路无人陪伴,却能感受到精神世界的富足,可以借助一个人的时光来感悟生活,感悟生命。而这样的经历,我也曾有过。

在人生的旅途上,能够找到一路携手的人固然是幸事,可有些时候,有些路注定只能一个人走,有些心情只能一个人感受。经历过孤独与寂寞,可以锻炼自己的意志,如此,孤独也就被赋予了全新的意义。

此刻的你,是不是也正行走在追逐梦想的路上?是不是偶尔也会感觉到有些孤独、有些苦闷?

别害怕,穿越了孤独的沼泽,你就会变得越来越强大;别抗拒,每个人只有自己寻找,才能找到心中的天堂。

世界那么大，
玻璃心怎么走得远

> 世界那么大，我们都想去看看；梦想那么美，我们都想去实现。只是，在实现这些愿望之前，我们先要学会一件事，那就是扔掉自己的"玻璃心"。路途遥远，唯有强者，才经得起雨雪风暴，纵使前方布满荆棘，也敢一往无前。

沐姑娘辞职了，原因是受了委屈。

那是一家事业单位，什么事都是论资排辈，新来的人再有潜力，也得被"老人"压着。沐姑娘是实习时来的这里，熬过了没名没分的阶段，总算成了正式员工，本以为守得云开见月明了，却没想到日子还是不好过。

整个部门里，只有沐姑娘是新来的。从人员配置上说，多她一个不多，少她一个不少；但从奖金上说，多她一个，就等于多了一人来分羹,大伙儿自然不乐意,看沐姑娘不顺眼也就成了理所当然的事。

单纯的沐姑娘,最初根本没意识到这一点。当时,她就是给部门里的人跑跑腿,买买东西。后来,负责给人打下手复印东西,邮寄快递,打扫办公室卫生。总而言之,杂七杂八的事都成了沐姑娘的任务,尽管她的职位是宣传文员。

到了月底开例会,领导指责沐姑娘干的活少,说她积极性不高。沐姑娘满腹委屈,却也怪不得别人,自己确实没做多少"正事",每天都花费不少时间做便利店小妹的力气活。到了领导质问的时候,却没有一个人帮自己说话,每个人的表情都像是看笑话的。

几个月后,部门里调来一位新同事,领导当即把沐姑娘的工作交给了对方,还跟其他同事说,若有事忙不过来,可以让沐姑娘打下手。沐姑娘脸上挂着笑,但眼里却憋着泪,她觉得自己在同事眼里、领导眼里,一文不值,还不如实习生。

后来,沐姑娘在宣传方案上跟新同事见解不一,产生了冲突。没想到,领导下午就发话,让沐姑娘做副手,说新同事更有经验。话里话外,听起来都有偏袒的味道。沐姑娘心里一阵凄凉,更觉伤了自尊。在这个地方,她找不到自己的位置,找不到存在感,就像是游离在群体之外的一只落单候鸟。

被委屈层层包裹的沐姑娘,实在没有勇气继续待下去,她唯一敢做的，就是默默地递上一封辞职信，悄无声息地离开，不留一丝痕迹。

我替沐姑娘可惜，也替她不值。客观来说，那家单位在传媒界是非常有名的，平台也很好，而沐姑娘本身的特长也适合做宣传文案，唯一的遗憾是她没经得住"蘑菇期"的考验。

受冷落、被排挤，觉得孤单、沮丧，替人背了黑锅躺着中枪无处诉说，这对所有在底层摸爬滚打的人来说，都是再正常不过的事了。离开不是最好的办法，像祥林嫂一样碎碎念也改变不了什么，唯一的解药，只有时间磨砺出的实力。当你变得足够强大时，一切冷暖与不公，都会不攻自破。这个过程，至少要三五载，你得熬。

我曾在中关村的一家电子公司做商务，时隔这么久，我还记得销售部里一个叫简宁的女同事。当时，公司的商务部和销售部紧挨着，员工算下来近30人，但像简宁那样天生丽质的姑娘，却并不多。就算不施粉黛，穿着素雅的工服，也是一道引人注目的风景线。

都说漂亮是女人的资本，但不可否认，在女人扎堆的地方，漂亮有时也会成为嫉妒的导火索。简宁入职后不久，我就发现，周围的同事在有意地排挤她，甚至还出现了一些不好的传闻。

天最热的时候,有同事故意让简宁拎着两个14寸的电脑包装箱送到分部,说路程不算太远,就别打车了,大家都是坐公交车过去的。其实,从总部到分部有一条最近的路,就是从写字楼旁边的小区穿过去,但没人告诉简宁,结果她坐上了公交车,车还没开出200米就堵在了半路,情急之下,她只能拎着两个箱子走路过去,到了分部以后,后背都已经被汗水浸透了。

简宁住的地方离公司不算远,这也是她选择在这里工作的原因之一。不知是谁出的主意,说新人就应该去卖场锻炼锻炼,结果人事部就做了调整,把简宁调到最远的那家卖场。简宁二话没说,就服从了安排,每天早上6点出门,晚上8点到家,就这样,她愣是坚持了四个月。

有一次,不知是同事有心还是无意,传递了错误的消息,让简宁犯了一个大错。老板在办公室里把她骂得狗血淋头,简宁就那么听着,竟然一句辩解的话都没说。好多人都觉着,简宁肯定得走人了,没想到,这个外表柔弱的姑娘,却比大家料想的坚强得多。

挨骂后,她表现出惊人的冷静,回到工位就打电话通知各个相关人员,尽量把不良后果扼杀在摇篮里。在沟通的过程中,老板三番五次地表现出不满和气愤,简宁依旧忍着。到了第二天早上,问题总算解决了,她向老板汇报结果,老板头也不抬,淡淡地说了一句"知道了",好像一切都在预料之中。

趁午饭休息时,前台的小姑娘安慰简宁,说老板的脾气就是这样,几乎所有人都挨过他的骂,让简宁别往心里去。简宁好像并不太在意,跟前台说:"幸亏被他骂了,不然我还不知道得给公司捅出多大的娄子呢!问题解决了,我就放心了,挨骂这点事儿,不值一提。"然后,她还诡秘一笑,补充了一句:"我这人,就一点好,心大!"

好像就在那一次挨骂过后,公司里的人对简宁的态度有了变化。没有人再故意刁难她了,大概是因为见识过了她美丽外表下的硬气,知道她不是随意拿捏的软柿子;领导对简宁好像也多了几分信任,知道她不是碰见烫手山芋就甩手丢掉的人。

我离开那家公司后,听说简宁被调到了e世界的门店,做了主管。再后来,我们没有再见过面,和她有关的消息也听得越来越少了,但我相信,像她这样有底气、有韧劲的姑娘,无论走到哪儿,都能散发出万丈光芒。

回顾工作的经历,再看别人的生活,谁不是一边受着委屈一边成长呢?在特定的场合被人劈头盖脸地训斥一通,无厘头地排挤一番,确实让人尴尬和恼火,觉得"我为鱼肉,人为刀俎",觉得自己委屈、冤枉,自尊被践踏了。其实,那委屈中的一大部分,无非是自认为委屈,无非是心太小,心太弱,就算是真委屈,错在别人,那就更不必自寻苦闷了。

就像沐姑娘那样,心中的委屈经久不散,难以释怀,最终选择了逃避，这其实是弱者的一种表现。如果能够摒弃这种委屈的情绪，转而将时间和精力用在自我反省和提升上，随着时间的积淀，你就会发现让你感到委屈的事会越来越少。倒不是说，位置站得高了，委屈就少了，生活从来都不会变得容易，只是当一个个委屈被消化后，内心会变得更强大。

世界那么大，我们都想去看看；梦想那么美，我们都想去实现。只是，在实现这些愿望之前，我们先要学会一件事，那就是扔掉自己的"玻璃心"。路途遥远，唯有强者，才经得起雨雪风暴，纵使前方布满荆棘，也敢一往无前。

不是所有的疼痛
都可以呐喊

> 生活就是这样,不是所有的事情都能够说清楚,都可以说清楚。比苦心向别人解释更重要的,是敢去承担不被理解的酸楚,在痛苦中坚守内心的原则,不违背自己的意愿去做决定。所以,无论感情、生活还是事业,不要指望所有人都能理解你。

青春的岁月里,几乎每个人都有过苦闷的经历。有时,仅仅只是做了一个令人感到意外的决定,就被周围的人深深地误解,被贴上了各种令人生厌的标签,即使是身边最亲近的人,也怀疑自己的初衷。那种落寞和无助,就像掉进了一个隔音的深坑,任凭你撕心裂肺地喊,就是无人理睬。

和相恋四年多的男友分手时,瑜妹子遭到了闺密海米的指责。

感情上的对与错，原本是很难说的。只是，瑜妹子和男友的这段恋情，当初是海米撮合成的，她不愿看到自己的两位好友分道扬镳，也就插手了此事。好心无可厚非，但言辞却在无形中伤了瑜妹子，也伤了彼此的闺密情。

海米指责瑜妹子太狠，说分手就分手，不给对方一个机会。接着，又说瑜妹子跟某男性朋友走得太近，言外之意是怀疑瑜妹子有移情别恋的倾向，还说倘若没有那个人的存在，瑜妹子就不会那么着急分手，跟男友还有和好如初的可能。

瑜妹子百口莫辩，但她一直有个疑问，海米为什么要这样说？两人是大学死党，相识七八年，也算是一起走过青春路的人，她竟如此不了解自己！就在两人为此生气的第二天，瑜妹子不经意间在前男友的日志里，看到了一篇公开指责自己的文章，字字句句像是在陈述她的罪状，更像是他的申冤书。

原来，症结在此。

瑜妹子极力地向海米解释，说自己绝非一时冲动提出分手。对任何一个女孩来说，都不希望跟最美好年华里遇见的那个人形同陌路，若不是真到了某种份儿上，有谁愿意轻易提出分手？

海米不信，坚持说是有人让瑜妹子乱了心智。

一时间，爱情的刀，友情的剑，纷纷指向了瑜妹子。

受伤的她，憋了一肚子的委屈，想找个地方说说，可翻遍了电话本，上下拉了几回QQ名单，还是找不到一个能倾诉的人。许久以后，她才说出当时的感受："有些事只能自己扛着，有些委屈只能自己受着，有些痛苦就算是痛得死去活来，你也不能喊出来，要是喊出来，就会有人骂你矫情，自取其辱。"

几个月后，那段感情彻底成了瑜妹子生命中的历史。与此同时，那段跟海米长达七八年的闺密情，也跟着灰飞烟灭了。这不是瑜妹子想要的，甚至是她始料未及的，但事情发展到这一步，也已无法挽回。

瑜妹子说，有段日子，她责怪过海米，心里一直有个声音在唠叨："你若懂我，那该多好！"不过后来，她也想明白了，就算重来一次、两次、十次八次，海米也很难懂自己。有些伤口长在自己身上，旁边的人再心疼、再落泪，也无法切身感受那份痛。

瑜妹子和海米，从小成长环境就不一样，经历和所需也都不同。

海米的父母都是事业单位的员工，海米上大学的时候还是十年前，父母月收入加起来就在五位数以上，而瑜妹子的父母都是农民，他们节俭地过着日子，给她攒学费和生活费。海米以为，瑜妹子的生活也该跟她一样，周末看看电影，去新开的馆子尝鲜，买两件名牌的衣服。

走出象牙塔，海米的家里给她及其男友安排了稳定的工作，单位提供住宿，两家人也凑钱买了房子，付的是全款，两人手里有点积蓄后就买了车，生活也算是小康。而瑜妹子和男友在北京举目无亲，住在狭窄的出租屋里。海米以为，瑜妹子也是回家吃现成饭，赚点钱够养活自己就行，不够的话还能找父母接济。

是的，海米无法体会瑜妹子的心情以及她的处境。她要承担起养家的重任，要靠双手去养活年迈无退休金的父母；她要靠自己的能力买房，给自己未来的婚姻和孩子一个避风港。她曾在三伏天住在没有空调的出租房里，热得难以入睡；她的男友在提到结婚买房的问题时，含糊其辞，还说瑜妹子是势利眼。

瑜妹子选择分手，不是她有了什么"第三者"，是她在与男友的爱情里已看不到生活的希望，他要的是自由不羁，她要的是安稳踏实，他俨然不是那个愿意陪瑜妹子共担风雨的人。道不同，只得说再见。只是，这样的抉择，抉择中的痛苦，是难以名状的。

还好，那段艰难的日子，瑜妹子终究还是一个人扛过来了。而今的她，在看到周围人在朋友圈里说着好与坏的现状，诉着悲与喜的心情时，不会凑热闹地去更新状态，博得谁的眼球。她比谁都清楚，懂自己的不说也懂，不懂的说了就是矫情，生活用刻骨的经历告诉过她，有些疼痛是无法呐喊的，只能自行消融。

以前的我，并不太懂古人说的那句"人生得一知己足矣"。当年岁日渐增长，阅历越来越丰富，肩上的担子越来越重，开始在夜里辗转反侧、焦虑难眠，却又无法将心事倾诉于人的时候，才真正明白"知己"的分量与珍贵。

话说回来，纵有知己，也无法保证一生都不会苦闷落寞。每个人都有自己的生活，友情也只是生活的一部分，要别人把所有的精力放在自己身上，时时刻刻为自己解忧，是不切实际的，也是自私的。更多的时候，生命都是一个人的旅行，你不能指望谁能一直陪伴你，谁能完全理解你，在需要的时候永远站在你身边，给你鼓励和支持。

当年，韩寒去办理退学手续，老师听他说靠稿费生活时，全都笑了。这份嘲笑，是不理解，不看好。马云去肯德基应聘落选，跟企业家们讲电子商务，却被人说成骗子。这份怀疑，也是不理解，不信任。

生活就是这样，不是所有的事情都能够说清楚，都可以说清楚。比苦心向别人解释更重要的，是敢去承担不被理解的酸楚，在痛苦中坚守内心的原则，不违背自己的意愿去做决定。所以，无论感情、生活还是事业，不要指望所有人都能理解你。

行是一种能力，
停是一种智慧

> 前行是一种能力，以退为进更是一种智慧。走得太快了，太慌了，往往会力不从心，精疲力竭，停下来休息一下，静下来反思一番，没准就会发现不一样的东西。

不久前，一个网名叫Wind的男孩跟我说起他的状况，愁云不展。

Wind的学历不高，能进现在的公司就职，当初全凭别人的推荐。为了积攒实力，他在做好本职工作外，还自学了不少东西。靠着这份认真和干劲儿，领导对他也格外重视，现在已成为公司的骨干，薪水也跟着涨了不少。不过，这些东西并未给Wind带来幸福与满足，他反而说，每天的生活都像是打仗。

早起匆匆地洗漱出门，提前15分钟到单位，升职后的他总想做个榜样。走进办公室，看看提前做好的计划表，打电话，发邮件，处理老板不方便接听的电话，列出重要的事宜给老总。午饭他很少出去吃，通常都是叫外卖，这样能节省点儿时间。每天下班时，公司里基本上就剩下他一个人了。打车回家后，简单地吃点东西，又开始做第二天的计划。睡前定好闹铃，给手机和手提电脑充电，想着万一早上有事，可以在出租车上办公。

巨大的工作压力和过度的劳累，导致Wind的生物钟被打乱，身体免疫力也开始下降。唯一令他欣慰的是，在别人眼里，他很优秀，他是老板最得心应手的助理，也是朋友圈里为人艳羡的高薪者。其实，他心里特别痛苦，对眼下的状态很不满，却又不知该怎么办。

有时，我觉得生命就像是一艘航船，走过了春夏秋冬，经历过风风雨雨，最终驶向宁静的港湾。只是，在漫长的旅程中，处处都有喧嚣和险阻，唯有内心的航向不偏离，不焦躁也不迟疑，才能穿越惊涛骇浪，找到惬意的栖息地。问题是，我们在航行中总是无法掌控身心的节奏，以致给自己带来了不少的麻烦与惊险。

想起几年前的自己，也和Wind差不多，凡事争强好胜，不肯服输，事事都想在别人前面，无形中给自己设定了超高的标准，像上紧了的发条，停不下来。把忙碌当成了生活方式，当成了工作业绩,当成了自我价值的体现。努力维护自己给别人留下的"优秀"印象,也在痛苦的同时欣慰着自己能成为朋友们艳羡的对象。

那时,我刚刚搬离城中村,在一号线地铁古城站附近找了一间便宜的两居室,与人合租。当时我上班的地方还没有开通地铁,每天都得换乘两次公交才能到。要是晚出门十分钟,堵车的厄运必会降临。为了避免迟到,我每天都会很早起来,但一想起漫长的上班路程,还有拥挤的人群,心里的气就不打一处来。

到了公司后,坐在工位上的那一刻,心里莫名的烦躁,说不清楚到底是怎么回事,就是一种抵触感在熄灭我做事的积极性。偶尔跟同事讲话,也显得有些不耐烦。日子像轮盘一样高速运转,预期的目标却像天边的星星,遥不可及。压抑感郁积于心,让我精神紧张,寝食难安,很难集中精力做事。我察觉出自己的状态不对,可就是控制不住,在烦躁的泥潭里苦苦挣扎,却找不到解脱的出口。

其实,公司的环境还是不错的,人际关系也很好,可我就是有些力不从心,压着一堆的事情要处理,却怎么都不想动。有时,也想彻底地放下,可心中还揣着点儿责任,老板待我很不错,实在不想辜负人家的信任。

一次,公司打算做一期心理类的内容,在整理资料的时候,我先拿自己做了一次测试。那个心理测试题目是,重复地画一组简单的线。没想到,画了一会儿以后,我就觉得特别烦,怎么也画不下去了。同事提醒我说,再画两组就结束了。我这才打起精神,把剩下的两组画完了。测试的结果显示,我之所以那么烦躁,多半是经常做机械性、重复性的事,工作压力太大,不善于调节。

当时,我真有醍醐灌顶的感觉。恰好,那天是周五,朋友打电话约我唱歌。我本没什么心情,但架不住邀约,就答应了。老友许久不见,倍感亲切,我不想在难得一聚的时候做唠叨的祥林嫂,把自己的坏心情带给别人,就不停地点歌、唱歌,还专门挑一些要放开嗓子唱的高亢歌曲,虽然声音并不那么好听。

几个小时的释放后,我觉得心里舒服多了。尽管烦恼的事还萦绕在心头,但也缓解了不少,至少我能稍稍平静一会儿。此时,我开始反思自己的工作,我意识到,自己是到了一个"枯竭期",有一种能量被耗尽的感觉,重重的压力和疲于应付的状态,让我变得脾气暴躁,消极倦怠,每天纠缠于其中,明明力不从心,却还勉强撑着,陷入了一个恶性循环的怪圈。我突然觉得,是时候让自己跳出来了。

我跟老板详谈了一番,提出休假一个月。其实,在说出这个要求时,我已经想得很清楚了,若是公司实在有苦衷,无法接受，我会选择离职。暂时停下来，是我必须要做的一件事，因为继续"煎熬"下去，对公司和我都无益。

直到现在，我依然很感激曾经的老板，他不仅给我放了一个月的长假，还是带薪的。

休假的一个月里，我没有远行，聚会也很少，大部分时间都是跟自己独处。日出而作，日落而息，看书写字，让忙乱的日子慢慢恢复秩序，让焦虑紧张的心慢慢沉静下来。也是那个时候，我真正体悟到了《庄子》中所说的"乘物以游心"，只有最大限度地顺应自然，顺应身心的需要，才能实现精神的自由和解放。

我开始学习如何调节心绪。一个人待着的时候，彻底放空思想，放松紧绷的神经，我竟惊喜地发现，就这样暂时停下来，并没有让我真的失去什么，反倒能够静下来吸取更多的养料，滋养已经被物欲和忙碌抽干的生命，安抚浮躁易怒的心灵。

长假结束后，我从内到外卸下了许多包袱。之后的工作依然忙碌，但我的心不乱了。细细想来，对于生活这件事，我们怕的不是忙，也不是累，而是烦。如若心里没有了烦躁，一切也都变得顺理成章，不那么拧巴了。

近几年，我的工作排得很满，却再没有出现过那样的状况。感到疲惫的时候，我会及时主动地按下暂停键，不再硬着头皮逼迫自己。在忙碌的间隙，一个人静静地待着，悠闲的状态，给我带来了更多的灵感和愉悦。时间虽是人生的主干线，但绝非全部，用追赶时间的方式去充实生命，换不来真正的精神富足。

前行是一种能力，以退为进更是一种智慧。走得太快了，太慌了，往往会力不从心，精疲力竭，停下来休息一下，静下来反思一番，没准就会发现不一样的东西。生命不该是一个固定的画面，相比时刻追逐着优秀，以忙碌充实生命，我更喜欢现在的自己：白天一身套装，干练潇洒，散发着铿锵玫瑰的芬芳；夜晚一杯奶茶，安安静静，享受它独有的芳香，来点音乐，拿本杂志，让时光静静流淌。

人生，要活得精彩，更要活得从容。

此生无可求，
唯爱不将就

> 单身或有伴，不只是一种状态，也是一种选择。幸福或不幸，不在于有没有人陪，更在于你爱不爱自己。当我们足够爱自己的时候，才会彻底明了，有人陪伴很美好，一个人也可以很幸福。不将就地生活，就算偶尔孤独，也不会缺少精彩。

2016年的跨年之夜，十点读书给了我一份最好的礼物，推送我的《你永远都有时间等一个对的人》上了头条。那是一篇讨论感情的文章，我坚信，生命中总有些美好，是辛苦等待换来的。这种等待，不是挑剔，不是眼高手低，是安于己心，淡然生活，不必因为寂寞而凑合着恋爱。因为，岁月有的是时间，让我们遇见更好的人。

刚好在那天晚上，一个朋友大概是看到了此文，特意找到我，留言说："这篇文章太鸡汤了，不靠谱，那么多人终其一生都没等到那个人。"我当时看过后，愣了几秒钟，不知该如何清晰地做出解释，心里却涌现出了一堆的感想。

终其一生没有等到那个对的人，这样的情形我不否认，可在现实中，有多少人真的用尽一生，且愿意花费那么长的时间去等待呢？且不说一生，哪怕只是三年五载、七年八载也好。更多的人，都是不愿承受感情空白期的孤寂，羡慕周围的恩爱眷侣，恨嫁恨娶的想法飘来荡去，生怕一切来不及，生怕错过了最好的年华，再没有机会遇见爱情。

2011年春，我接到了久未见面的女友阿兰的电话，告诉我她要结婚的消息。问及具体的日期，偏偏不巧，公司正好安排了出差，且各项事宜都安排好了。我有点为难，只好如实告知原委，但也答应她，如果公司这边能调剂一下，我定会如期参加。

我本以为，她听到这个消息会略感遗憾，却不曾想，她冒出了这样一句："没事儿，这次来不了，就等下次吧！"我当时真是诧异了，结婚对任何一个女孩来说，都是一件重要的事，况且还是初婚。眼下，这婚礼还没举行呢，竟然脱口而出"下次"。言外之意，似乎迟早会分道扬镳。

我确信，阿兰不是在开玩笑，她的语气里，没有期待和喜悦，有的只是淡淡的不屑一顾。一时间，弄得我都不知道该如何接话茬了,我只好假装认为她在调侃,试图圆一下这个尴尬:"瞧你说的,都该结婚了,说话还这么不靠谱,注意点儿形象哈!"

阿兰还是一副淡淡的语气:"我说真的呢!他比我大好几岁呢,别人给介绍的,刚认识三个月。等你到了我这份儿上,你就知道了,其实跟谁结婚都一样。"

跟谁结婚都一样?怎么可能呢!后来,我的确没有出席阿兰的婚礼,一来工作上的确走不开,二来我心里也不舒服,只好托人带去了礼金。倘若身边的人是满怀憧憬地开始新生活,我愿意送去祝福,见证真爱,可我实在想象不出阿兰会是什么样的心情,是强颜欢笑,还是心灰意冷?无论哪一种,我都不忍看到。

终究,阿兰还是没有告诉我,她为何要草率地结婚。是社会舆论?是家庭压力?是内心孤寂?我猜不出。无论怎样,都不值得随随便便交付自己的一生吧!何况,那年的我们,不过是二十五六岁的年纪啊!就算曾经受过感情的伤,但又怎知将来不会再遇见对的人?究竟是时间辜负了等待,还是自己先败给了生活,丢掉了信心与耐心,觉得等不起、等不来了?

亲爱的,时间尚早,你急什么呢?又怕什么呢?

品一壶好茶,得花一点时间和心思。烧开水,看着绿绿的茶叶在沸水中轻轻舒展开来,慢慢融入清水中,散发出沁人心脾的淡淡幽香……似乎所有美好的事物，总是需要沉下心来慢慢等待。爱情，从来都是一件美好的事，却也是一件百转千回的事。

我在师大读书的时候，有一门课程叫做女性文学。那个学期，我读了铁凝的很多作品，当时只是欣赏她的才华。到后来，看到她结婚的消息，对她的感情经历有了深入的了解后，我对她的喜爱中又多了几分敬重与佩服。

1991年初夏时节，铁凝去看望女作家冰心。冰心见到铁凝后，问她："你有男朋友了吗？"铁凝说："还没找呢！"冰心告诉她："你不要找，你要等。"当时的铁凝已经34岁，别说是在二十多年前，就是放在当今，也已是大龄了，可是，铁凝等了，这一等就是16年。

到了2007年，铁凝跟经济学家华生结为秦晋之好。这是50岁的铁凝第一次品尝婚姻的甜蜜。这个消息，顿时轰动了整个文坛。谈到对丈夫华生的评价，铁凝只说了一句话："他是我一生可以相依为命的人。我喜欢相依为命这个词。爱情是无法言说的，所谓爱情就是当它到来的时候，其他的一切都将落花流水。"

50岁，才遇见那个对的人，与之结为伉俪。无疑，这也算是一个传奇了。我敬佩她的是，在过去几十年的感情空白期里，她始终不焦躁地生活着，她说："一个人在等，一个人也没有找，这就是我跟华生这些年的状态。我说对爱情要有耐心，当然期望值不必过高，但不要让希望消失，我想是这样。永远不要放弃自己的期待。"

铁凝的爱情之花，从开始到现在一直美艳如初。她说："爱是一种能力，不是每个人都具备这种能力，婚姻应该会更丰富滋养人的内心，而不是使它更苍白或更软弱。"在等待的过程中，她没有刻意去寻找，只是淡定地守候着，让自己的内心在岁月的洗礼中慢慢成熟，更深刻地理解爱的内涵与婚姻的真谛。

世间有多少人真的像铁凝一样，用30年的时间去等待爱情呢？又有多少人能像她一样，在长达30年的感情空白期里忍住孤寂，不败给奢求温暖的贪念？放眼望去，恐怕不多吧？因为，这实在是一件太需要勇气的事。

我身边也有几个大龄的女性亲友，均已走到了35岁的边缘，却依旧孑然一身。说起她们的婚姻大事，长辈们可谓是操碎了心，怪她们眼光高，太挑剔。其实，通过这些年的接触交往，我知道她们并非是那种矫情挑剔的女子，只因为身边出现的人，都跟自己不太合拍。长辈们嘴里说的，往往都是"条件挺好的，还等什么"，却不知姑娘们在等的，是一个能聊得来的人。

　　她们不是什么所谓的"白骨精",挑剔得难以伺候,她们只是不愿意将就。我曾问过其中的一位姐姐:"倘若等到最后,还是没等来,会不会觉得遗憾?"她的回答很理性,很睿智:"有哪一种选择是不留遗憾的呢?所有的事都是有得有失。婚姻和单身就是两种不同的生活方式,不存在好与坏之分。享受儿孙绕膝的,也要付出艰辛与牵挂;不曾劳心费神的,就得在生病难挨的时候,一个人受着。这辈子,要是没等来就没等来吧,至少没委屈自己。"

　　此生无可求,唯爱不将就。

　　我喜欢这位姐姐的爱情态度,更欣赏她的生活方式。她不是盲目地等,也不是心存抱怨地等。不管什么时候见到她,都能从她身上感受到她对生活的热爱,还有一种积极的气场。这几年,她一直在新加坡工作,是公司派遣过去的。她在一个人的时光里,从不曾辜负自己,也从不曾放弃努力。

　　单身或有伴,不只是一种状态,也是一种选择。幸福或不幸,不在于有没有人陪,更在于你爱不爱自己。当我们足够爱自己的时候,才会彻底明了,有人陪伴很美好,一个人也可以很幸福。不将就地生活,就算偶尔孤独,也不会缺少精彩。

当陪伴变成了干扰，
独处才是救赎

> 一个人是寂寞点儿，但有充足的思考时间，也有绝对的支配权。当关心和陪伴变成了干扰，让你无法安心去做自己想做的事，那么独处就是最好的救赎。

丹姑娘不合群，一向独来独往。

每天早上，她都是六点多钟起床，轻手轻脚地收拾东西，一走就是一天，通常晚上九十点钟才回来。由于在寝室待的时候不多，室友们对她也是冷冷淡淡，背后还免不了说她两句闲话，大致就是不知道整天在忙活什么，很难沟通相处。

临近毕业，丹姑娘成了班里为数不多通过六级的人，并拿到了北京市高级口语证书。室友们从原先对她指手画脚，变成了如今的羡慕嫉妒，有人还声称："我要是她，整天那么勤快，没准儿都考过雅思了呢！"话里话外，透着一股酸溜溜的味道。

我和丹姑娘住隔壁，平日来往不多。偶然的一次，我俩在公交车上遇见了。那段路大概要半个小时左右，干坐着也是尴尬，就闲聊起来。她说，学校附近新开了一家小书吧，环境挺好的，书的数量不多，但都是精品，有空可以去看看。她似乎知道我是书迷，就顺带从包里拿出两本，推荐给我。

一路上，我们聊得很投机，也没有刻意找话题，很快就到了终点站。那次以后，我和丹姑娘之间就多了几分亲近感，见面会心一笑，好像熟人知己。我觉得，这个姑娘不是那么难以相处，个性也不是那么另类。

不过，这样的一次偶然交流，并未让她跟我成为形影不离的朋友。偶尔在图书馆和自习室碰见了，就临近着坐，但多数时间里，她还是独来独往，一个人穿梭在校园里。那时候，我有点不太理解，都是20岁左右的年轻女孩，正是好热闹的年纪，她不觉得闷吗？

有些东西，置身事外的时候，你永远也看不明白，唯有亲自尝试了，经历了，才知个中滋味。有些人也一样，你不站在她的立场上，也永远不会懂得。

大三那年，我决定参加北京市的导游考试，当时有三本复习资料，通过笔试后还有口试，包括英文口试。为了这件事，我开始忙活起来，每天都会很早起床，哪怕上午没有课，也不睡懒觉。果然，寝室里的伙伴们，对我的态度也发生了转变，说我现在跟她们的沟通少了，不合群了，诸如此类。

确实，那段日子我不知道她们每天聊什么，谁有什么"新闻事件"，周末打算去哪儿淘衣服。有时，她们邀我一起聚会，我都以有事婉拒，这不禁让室友觉得我变得孤傲，有点拿架子了。那种感觉很不舒服，为了避免被孤立，我也试着在去自习室和图书馆时叫上室友，却没想到，这样做竟给自己造成了更大的困扰。

一次是跟室友A去自习室，她翻看了一会儿书就趴下睡着了。醒来后，看我还在盯着书本，就提议说一起到外面透透气。我已临近考试，实在不想浪费时间，就说再待会儿吧。A实在待不下去，就自己走了，弄得我还有点尴尬，似乎是她陪着我看了半天书，而我却不愿跟她散散步。

另外一次是跟室友C去图书馆。我原定的计划是找资料，她却在一旁滔滔不绝地说起自己和男友吵架的事，尽管声音很小，但周围的人还是抛来鄙视和厌恶的目光，毕竟真的是打扰到别人了，那也不是闲聊的地方。无奈，我只好拉着她去校园，听她说完后，耐心开导她。我表现得很安静，很贴心，但说真的，我的内心很焦躁，很着急。因为我的资料还没有找到，还有一堆事情没有做。

就是从那个时候起，我开始明白丹姑娘为何独来独往了，并也逐渐爱上了这样的生活方式。一个人是寂寞点儿,但有充足的思考时间,也有绝对的支配权。当关心和陪伴变成了干扰,让你无法安心去做自己想做的事,那么独处就是最好的救赎。不信你看,这个世界上,往往也都是那些当年看起来最不合群的人,最终成就了自己的理想,活出了别样的人生。

在室友看来,打牌消遣、聊天聚会是一种轻松,可在我看来,最好的释放是一个人静静地独处,写写字,看看书,听听歌。她们说的"不合群",并非是我真实的性格,只是我在某种思想和行为上,未能与之有共振而已。倘若非要强迫自己合群,表面上看起来是活得热闹了,实则才是真的孤独。

我尊重任何人的生活模式,但我不想去效仿,为了要融进某个圈子而刻意与他人雷同。保持自己独立的思想,做自己想做的事,有时会显得格格不入,但也只有经得起被误解的寂寞,忽略所有的猜疑和否定,心无旁骛,才能成为自己想成为的人。

现在,我的QQ里依然有不少的朋友群,但我极少在群里说话,通常都是屏蔽消息,偶尔有空的时候打开看看。我也极少参加聚会,虽说如此做法会惹人不悦,但我实在不愿违背自己的内心,因为不喜欢那些家长里短的话题,不愿意把糟心的事拿出来抱怨,更不想去出席那些像是攀比房子、车子的炫耀场合。我不想为了合群而合群，倘若是频率相同的人邀我坐上三个钟头的车去书展画展，我也是乐此不疲的。说到底，只是不想做无效社交。

离开职场，做了自由撰稿人后，经常有人问我："你憋在房间里写字，会不会很闷？"

怎么说呢？闷的感觉肯定会有，但是相比闷，我更享受这种独处的宁静和自由。在不被打扰的时间和空间里，我能够完全依照自己的意愿来安排这段时光。在自由中保持一种自律，有计划、有节制地做事，可以获得更高的效率。尤其是写字这样的事情，身边有人陪伴，很多时候就会变成干扰，算不得好事。

久而久之，我就喜欢上了独处，也体会到了它的好处。这个世上没有谁可以忍受绝对的孤独，但是一点都不能忍受孤独的人，就像被风吹拂的池塘，风不停，就永远无法获得平静。独处教会了我冷静地思考过与失，让我能够把自己放在一个适当的角度深刻解剖自己。

还记得伍尔夫说过，每个女人都需要一间屋子。她说的这间"屋子"，其实就是属于自己的空间。在这个特殊的空间里，可以做自己想做的事，没有人打扰，没有人责怪，而开启这间"屋子"的钥匙，恰恰就是独处。

我不知道此刻的你，是否也和丹姑娘及我一样，被人指责过不合群、孤僻？这种感觉的确不太好受，但我希望你能明白，往往是孤独让我们变得更加出众。只有懂得享受和利用孤独，在一个人的时候默默积蓄能量，才能在不孤独的时候爆发和绽放。若是害怕被人说，害怕孤独，终日在与人嬉笑玩耍中找寻存在感，也许有一天，回首逝去的时光，你会感慨自己被淹没在芸芸众生中。

但愿此生，你我都不要有这般后悔的时刻。

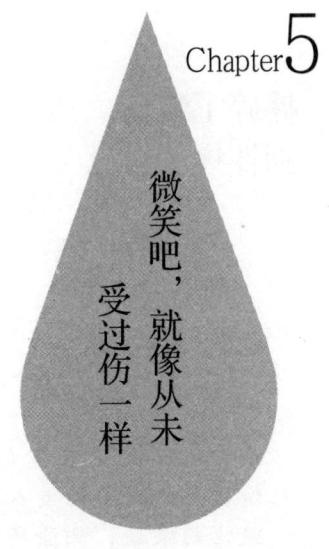

Chapter 5

微笑吧,就像从未受过伤一样

我迎着朝野站在大海的面前,对自己说:如果时光不能倒流,就让这一切,随风而去吧。

/三毛

摔碎了爱情，
别摔疼了自己

> 生命就像是一个车站，有人来了，有人离开。只要曾经相遇过，就是莫大的缘分，纵然后来分别，也不过是生命的又一次成长。无法补救的爱情，无法挽留的爱人，不必过多地留恋，悄悄地销毁他的痕迹，删除所有跟他有关的东西，从回忆里慢慢走出来，终会像凤凰涅槃一般，在烈火中得到重生。

女友阿静说："如果有那么一天，遇见了爱情，遇见了那个他，无论当时的我是狼狈还是足够美好，无论是正值美好年华还是沧桑老去，那都会是生命中最美妙的一天。相遇之后，是相识，是暧昧，是相恋，是相互扶持，是生死相随，而我都愿意，为之倾其所有。"

每一个重情义的好姑娘，都值得拥有这世间最好的宠爱。

Chapter5
微笑吧,就像从未受过伤一样

只是,上天不会让任何人的青春一路从红毯上踏过。在阿静说这些话四年后,她遭遇了这样的"一天"。

那一天,晴空万里,微风拂拂,是阿静与中意的Mr.Right相识1000天的日子。

Mr.Right打电话给阿静,说他亲自下厨做好了菜,让她过去吃饭。阿静的脸上洋溢出幸福的笑,心里仿似加了蜜一样甜。她穿上淡粉色的羊绒外套,10厘米的高跟鞋,像极了春日里含苞待放的花。临出门时拉开抽屉,拿出了一个装饰精美的盒子,为了这个不算纪念日的特别之日,她也是早就准备了的。

走进Mr.Right的家门,就看到桌子上色香俱全的饭菜。阿静甚是惊讶,在她的印象里,Mr.Right永远带着亦正亦邪的笑,他不受拘束,潇洒自如,向来高傲的他何曾甘心为谁洗手作羹汤?摇曳的红酒,赏心悦目的恋人,气氛像是一下子回到了当初热恋的时候。在那一刻,酒不醉人人自醉,阿静感觉到整个世界都像是在温柔地将她包裹。Mr.Right微笑着拉起阿静的手,欲言又止。阿静的心好像停跳了一下,她在想:这顿午餐已是意外,除此之外,还会有更大的意外吗?

当一个女人到了30岁的年纪,看着周围的人纷纷找到归宿时,很少有谁不期待拥有属于自己的他,和自己的家,特别是,当你自认遇见了那个值得托付一生的人。相恋三年,阿静从未催他给过自己什么,但其实她是想要一个结果的。

阿静望着眼前的他,几乎已经想好了要去哪家婚纱店选婚纱,找谁做自己的伴娘,去哪里度蜜月。她的心乱了,思绪也乱了,以至于忘了拿出自己为他精心准备的礼物。

阿静等着他拿出什么,可他似乎并没有这样的举动;阿静也想听他说点什么,可他说的话却让她大脑一片空白:"和你在一起很开心,但我们不适合结婚,我希望好聚好散。"

Mr.Right的脸上带着阿静熟悉的笑容,然而这一幕倒映在阿静的眼中,就像是他在微笑的同时,残忍地挥起利刃,手起刀落,干脆利索地砍断他和自己之间的牵绊,毫无留恋。

阿静愣住了,拿着红酒的手也停止了摇晃的动作,她低头看了一下那份为他准备的礼物,沉默了一下。然后,她抬头朝着Mr.Right笑了笑,像老朋友一样说道:"有合适的结婚人选了?祝贺你。"说完,举起酒杯示意他,喝下最后的一杯离别酒。

Mr.Right一愣,他没想到阿静会如此痛快地回复他,更没想到她会用微微一笑替代狂风暴雨。而后,他也笑了笑,重新变得从容、潇洒而迷人。

两个人干了那杯酒,从此各奔东西,各安天涯。

离开Mr.Right的家时,有那么一秒钟,阿静不知道应该走向哪里。她看了一眼手里挽着的礼物袋,愣了好久。最终,她坐在路边的木椅上,从礼物袋里拿出盒子,双手慢慢地无力地拉扯着盒子上的彩绳,再打开。那是一本大相册,她一页一页不厌其烦地翻看着。泪眼朦胧的她,看着相册里的一幕幕情景,依然清晰地记得哪一张是在哪个时刻定格,当时的他说了什么,做了什么。阿静越看越心痛,在抚摸了很多次后,最终合上相册,连同礼物盒一起丢进了旁边的垃圾桶。

事后许久,阿静才告诉我,她和Mr.Right分开了,以及上述的这一段经过。

我欣赏阿静的态度,爱情来的时候尽全力去呵护、去享受,爱情走的时候笑着说再见、不纠缠。但我更想知道,当一个自己爱如生命、愿为其倾尽所有的人,背着自己爱上了别人,最终云淡风轻地说"好聚好散"的时候,自己要如何忍住内心的火山与冰河?

"不然,又能怎么样呢?像电视剧里演的那样破口大骂、厮打和痛哭,将憋在心里的悲伤、愤怒和绝望彻底地发泄出来?我不想那样,也没必要。"这是阿静给我的答案,说得很平静。正当我诧异她的淡定时,她说起一段从未向外人提及的往事。

二十多年前,阿静的父亲靠着帅气的相貌和情真意切的文笔,追到了当时被誉为"镇花"的阿静妈妈。这一路,可谓是"过三关斩六将",才如愿抱得美人归。

很快，阿静出生了，父亲在陪伴了她们一段时间后，南下经商去了。父母之间聚少离多，但也无碍他们感情的日渐浓烈。阿静出生后的第三年，母亲又生下了妹妹。就在妹妹不满一岁的那个春节，父亲风尘仆仆地回到家，往日的温存不见了，父亲就像变了一个人一样，坚决要跟母亲离婚。

全镇上的人都知道，阿静的母亲温柔贤淑。嫁给父亲后，从没有干过粗活的她绑起头发，挽起衣袖，凡事亲力亲为，把老人伺候得妥妥帖帖，把她和妹妹照顾得无微不至。如此一个娇美贤淑之妻，怎能说不要就不要？追问之下，阿静的父亲道出了真相：原来，他是有了外遇，对方给他生下了一个男孩，只比阿静的妹妹小几个月。

一向温婉的阿静母亲像是疯了一样拽着丈夫，厮打着这个她曾视之为依靠的男人，手上青筋直冒。她完全失去了理智，把桌上的东西全都扫在了地上。即便如此，阿静的父亲还是走了，头也不回。

那时候，阿静年纪还小，对这场风暴无知无觉。后来，还是奶奶抹红了眼，小声告诉阿静，说她的母亲当初真的很苦，离婚的前一个深夜，母亲抱着她和妹妹到过楼顶，摇晃着腿。后来的后来，阿静经常会想：那晚，风大吗？假如真的跳下去了，疼的是谁？

在这次冲突之后，阿静母亲没再情绪失控，她不再争、不再吵,签了离婚协议书。同时,她也安静地提出了要求:孩子归她,房子归她。母亲希望,可以留在这个房子里,把阿静和妹妹抚养成人,也愿意侍奉老人到终老。

二十几年过去了,母亲一直守着这个家,尽管它不再完整。她一如既往地温婉着,呵护着身边的人。前几年,阿静父亲回来过,试图与母亲复合,被婉拒了。阿静不知道父亲的心情是怎么样的,也许像被蜜蜂蜇了一下,后悔自己失去了什么吧!

偶然的一次,阿静跟母亲聊天,提起感情这件事,母亲说了这样一句话:"吵架的时候,可以摔碎任何值钱或不值钱的东西,但千万不要弄伤了自己。失去爱情没关系,摔疼了自己却不值得。"

阿静又回想起那个"暴风雨"之夜,当时的母亲恨不得把所有东西都摔碎,恨不得让所有人都看到她的痛苦和不甘,即便如此,也没能唤回父亲的心。没想到,如今阿静自己也遇到了这一天,冥冥中她早已知晓自己该怎么做,才不会陷入狼狈,才能将受伤的程度降至最低。

我想,无论对阿静还是她的母亲来说,多年前的那场家庭变故都是一次重创。在过去的二十几年里,阿静和母亲经历了怎样的生活,外人难以知晓。但让我最为敬佩和感动的是,她们都不曾在痛苦中沉沦,更没有因为他人的辜负让自己荒芜,在爱情被摔碎的那一刻，母亲选择了保护自己和家人，把爱错的人当成过客，笑着告别。

生命就像是一个车站，有人来了，有人离开。只要曾经相遇过，就是莫大的缘分，纵然后来分别，也不过是生命的又一次成长。无法补救的爱情，无法挽留的爱人，不必过多地留恋，悄悄地销毁他的痕迹，删除所有跟他有关的东西，从回忆里慢慢走出来，终会像凤凰涅槃一般，在烈火中得到重生。

岁月不够静好时，
愿你依然向善

> 你笑，生活也会跟着笑；你哭，生活便再没有晴天。看开了，谁的头顶都有一片蓝天；看淡了，谁的心中都有一片花海。我始终相信，只要心不枯萎，生活可以一路繁华，在沧桑岁月中露出微笑，那才是最动人的面容。

不知道从何时起，网络上铺天盖地地涌现出这四个字——岁月静好。

是啊，多少人翘首以盼这样的状态，安安稳稳、平平静静地过着时光。无奈，现实的生活却往往容不下想象，纷繁复杂的事情摆在眼前，以冷冰冰的面孔告诉我们：岁月终究没有办法安好，一切也不可能静默如初。

其实，相较这种水中月、镜中花似的憧憬，我更喜欢晓雪所说的:"好日子并不只是岁月静好,好日子更多的时候是在岁月不够静好时,人心依然向善。在那些无常和无奈的缝隙中,有能力找到希望的光,找不到时就让自己成为一束光,用那一点点光,照亮自己的小日子。"

去年夏天,我跟朋友彦报了去韩国的旅行团。团里有一对很特别的老夫妻,不管走到哪儿,两人都是手牵手,看起来恩爱无比。同团的人议论纷纷,朋友彦也算是见过一些世面的小记者了,竟也跟着八卦起来:"现在秀恩爱真是不分年龄啊!我都没有这些阿姨们的勇气。"

国人一向讲究含蓄矜持,尤其是人到中年后,就更不好意思在人前大秀恩爱。但是很快,所有的议论声都变成了称赞、羡慕与敬佩,因为大家发现,那位丈夫是一个盲人。

同行的朋友,称呼那个阿姨为老蔡。一路上,蔡阿姨看见什么,就跟丈夫说什么,让他也感受一番。我能感觉到,那位叔叔虽生活在黑暗里,但生活并不缺少阳光。

在好奇心的驱使下,很多人对蔡阿姨的故事产生了兴趣,做记者的彦更是激动不已,恨不得能从中发现有价值的新闻素材。蔡阿姨是北京人,爱说爱笑,挺敞亮的,在吃午饭的时候,她毫不避讳地说起了自己的家事。

三十年前,蔡阿姨和丈夫结婚。两人都是普通工人,家庭条件一般,但感情很好,就想靠自己的努力过平淡安稳的日子。可天不遂人愿，在他们的大女儿出生后不久，家里就遭遇了变故。

蔡阿姨说，她记得很清楚，那天早上起来，丈夫跟她说，眼睛里看到的东西全是血红色的。随即，他们就去了医院，一检查才知道，是眼底出血。当时的医疗条件有限，蔡阿姨带着丈夫四处求医，但最终还是没能遏制住视力的逐渐减退，直至失明。

家里的顶梁柱，就这么猝不及防地垮了，生活的重担全落在了蔡阿姨的身上。有人劝蔡阿姨离婚，说这么下去就拖累她了，她觉得那些都是无情无义的人才会做的事，结了婚就是一家人，哪儿能有难的时候就扔下不管？今天跟他一起遭了难，明天跟别人一起就什么事也没有了吗？她没找退路，一个人撑起了家。

蔡阿姨去过很多工厂，多数时间干的都是男人才干的体力活，她还在家附近的砖厂搬过砖，顶着高温在胶木厂的车间里做工。后来，亲戚到浙江做生意，也让蔡阿姨和丈夫入股，主要就是做苗木。那会儿，蔡阿姨要负责十多个工人的伙食，还要自己制作水墨石盆，中间受过好几次伤。

说起那段最艰难的岁月，蔡阿姨挺平静的，倒是她丈夫，把头垂得很低。我能想象出他的心情，一定是觉得妻子跟着自己受了太多委屈。好在，天道酬勤，在他们的打拼下，家里的生活慢慢好了起来，两个女儿也长大了，有了不错的发展。尤其是大女儿，结婚后跟爱人经营了一家大型的批发商店，生意很好。

　　蔡阿姨说，其实生活的辛苦没什么，主要是心理上的煎熬最要命。丈夫失明的时候，只有27岁，一个年轻力壮的小伙子，突然什么都看不见了，一时间难以接受。刚开始，他走路经常撞到东西，火气特别大，动不动就摔东西、不吃饭、大吼大叫，说自己生不如死，活着也是拖累人，是多余的。蔡阿姨从来不还嘴，默默地把东西捡起来、收拾好，跟他说："全世界看不见的人多了，活得好的也多了，都是一样的人，他们能做到的，你也能。"

　　趁着蔡阿姨去洗手间的功夫，蔡阿姨同行的朋友替蔡阿姨说了话。丈夫失明后，照顾公婆的事也落在了她一人的肩上。婆婆生病的时候，蔡阿姨到医院伺候，同屋的病友都以为她是老太太的女儿。这些年，她忙里忙外不闲着，可对老人的照顾一点儿都不马虎。公婆过世的时候，都已经八十多岁了。

　　说起两人挽手而行"秀恩爱"的事，蔡阿姨大笑，她说，这已经是习惯了。她每天都挽着丈夫去散步，三十年来一贯如此。这回，是大女儿提议让他们出来玩的，丈夫本来不愿意去，说自己也看不见，可蔡阿姨终究不放心让他一个人在家，坚持要带上他，说看不见就给他讲解，不然自己玩得不踏实。如今，蔡阿姨的日子过得挺舒心的，丈夫学会了盲人按摩，还学会了拉二胡。闲来无事的时候,他就给家人按摩按摩,拉上一段曲子。

那次赴韩之旅,蔡阿姨的笑,比我看过的所有风景都要美。

多数人骨子里都向往安稳的生活,甚至把生活定义为享受,一遇到天灾人祸,就不自觉地产生了抗拒的心理,不想再继续往前走,拒绝接受变化了的现实。这份拒绝,反映出的就是对曾经的拥有还存留一份执念。殊不知,事情已发生,就算不接受,也无法否定它的存在。

这些年来,我从周围人身上学到的最好一课,就是当生活出现了变故的时候,不再追问"为什么是我",不再声嘶力竭地抱怨"不公平"。记得妈妈跟我说过,要是整天想着什么事都必须公平,那就没办法活下去了。当时听着甚觉残忍和夸张,如今想来却是不争的事实。

人活一世,焉能不经历风雨?面对难题,面对痛苦,跺脚捶胸,长吁短叹,终究无益。恰如一句诗所说:"醉眼看花花也醉,冷眼观世世亦冷。"你笑,生活也会跟着笑;你哭,生活便再没有晴天。看开了,谁的头顶都有一片蓝天;看淡了,谁的心中都有一片花海。我始终相信,只要心不枯萎,生活可以一路繁华,在沧桑岁月中露出微笑,那才是最动人的面容。

他其实没那么喜欢你

> 那一场失败的单恋,也让我提早明白了爱情是不能勉强的,所有的冷漠与忽视,大都不必去找寻什么借口,TA只是没那么喜欢你、在意你,仅此而已。我们不必为不值得的人哭泣,或是刻意改变,苦苦留恋一个飘忽而逝的生命过客。

我曾经以为,爱情这件事儿,是可以用感动换来的。只要我付出真心,用点点滴滴的温情去灌溉,终有一天,那颗冷漠的心会被我捂热,开出绚丽的爱情之花。那时的我尚且不懂,爱情有时是需要缘分的,若始终无法进入对方的心里,或是他不肯给你开一扇门,再多的付出也是徒劳。

18岁时,我常常在闺密面前提起他的名字,说起他的事,心里充满了甜蜜和期望。他的每一句话,每一个动作,都会进驻我的脑海，迟迟抹不去。爱得浓烈，爱得真挚，爱得卑微，爱得忘我，那便是我的初恋感觉。

在没有热水的寒冬腊月，我愿意用冷水帮他刷洗脏了的球鞋和手套，冻得双手通红。我会故意弄坏自己的电脑，然后找他来修，趁机给他带一些小点心。炎炎夏日，我曾跑了许多家书店，就为给他买本他喜欢的外版书。

偶尔，他会客气地跟我说声谢谢，露出一抹微笑；偶尔，他也会拒绝，说自己正忙，改天再说。我埋怨过他的冷漠，说他是冷血动物，他却说是我想得太多，不大喜欢矫情的女孩。假期的时候，我给他发短信，嘘寒问暖，回复总是迟来，问及原因，他说"没看见"，说"在外面打球"。无论真假，我都信了，还安慰自己说，迟早他会懂得我的好，会习惯有我的日子。

没想到，突然有一天，他诡秘一笑，跟我说："我有女朋友了。"

我真的想发脾气，却没有道理那么做。我是付出了许多，但从未谈及爱与喜欢，终究也不是他的什么人。酸甜苦辣混合的滋味，统统被我咽进了肚子里。唯一的发泄，就是在闺密那里倾诉委屈。

如今说起那一幕，闺密还会奚落我："梨花带雨的脸，看了还真让人心疼呢！不敢相信，那竟然是你，跟现在判若两人啊!"不管信不信,像不像,但那就是我。闺密还说:"其实,早就料到会是那样的结局,就是不忍心告诉你,怕伤你自尊。再说了,即便告诉你,你也不会信,也不甘心。"

是的,从那场单相思留下的后遗症中抽离出来,我用了很长时间,但其实效果并不好。感情的伤,有时就像是间歇性疾病,保不齐就会在某个时刻、某个场合、某件事的刺激下,突然发作,难以自持。

直到后来的一个七夕之夜,单身的我,蜷缩在房间里,一个人守着屏幕,看了一部至今都难以忘怀的电影,它的名字很特别,叫"He's just not that into you",译成中文就是"他其实没那么喜欢你"。

电影中一段段不同类型的爱情,让我忍不住回望自己的经历,对号入座。两个多小时不知不觉从身边滑过,那些我曾经无数次问过自己、问过他的问题,在那一刻都有了答案,留给我一个个残酷的真相,带着鲜血淋漓的痛感。

那么长的时间,他从未主动过,一直表现得含蓄矜持,而我,却安慰自己说,他害羞、自卑,不知如何与自己交往,不想破坏彼此间的友情。可现实告诉我,任何一个男人都会为了接近心爱的人而不惜断送"友情",他们绝不会被害羞和自卑折磨得连表白的勇气都没有,他们唯一害怕的是,自己所爱的人无动于衷。

那么长的时间,他极少主动打电话给我,而我,却安慰自己说:"他真的很忙,所以忘了,再说他已经道过歉了。"可现实告诉我,这是一个多么滑稽的借口,即便是一位有着几百万生意要谈的商人,都有时间打电话,他为什么没有呢?最真实的答案莫过于,他根本就没想起来,他不在乎我的失望。

那么长的时间,他对感情一直暧昧不清,而我,却安慰自己说:"他受过感情的伤,想谈一场长久的恋爱。"可现实告诉我,原来这都是我自编自导的童话故事,他如果真的喜欢我,怎么可能拖泥带水、暧昧不清?他也不可能突然就向我宣布,他恋爱了。

那么长的时间,他只有喝醉了才来找我,而我,却安慰自己说:"酒后吐真言,只有在酒精的作用下,他才有勇气。"可现实告诉我,他如果真的喜欢我,就会在理智的时候想见我;他如果真的喜欢我,就不会让我看到他醉醺醺的样子。谁不知道,长远的生活,需要清醒面对。

那么长的时间,他总是莫名其妙地玩消失,而我,却安慰自己说:"他可能真的有事,或是手机没电了。"可现实告诉我,这是一个不用花费力气就能猜透的谜,无论什么样的借口,都不过是自欺欺人,唯一的真相是,他压根就不想跟我在一起,我对他没那么重要。

电影结束后,屏幕黑了,房间也变得寂静无比。我的心,却豁亮了许多。

爱情，原来不是什么神秘莫测的东西。那么多次，我都以为他是喜欢我的，他的每个动作、每个表情，其实都是被我加工后误解了。如果他真的喜欢我，他会主动来找我；如果他没来，那就只能说明：其实，他没那么喜欢我。

我骤然想起，抽屉里还放着一件东西，那是一个紫色石块，是他送给我的唯一一份礼物。石块上面雕刻着一只精致的小舟，是我找雕刻师专门打造的，那是他姓氏的谐音。从前最珍爱的宝贝，在那个七夕之夜，握在手里却觉得不过是一块石头，与路边躺着的石子，没什么分别。我把那石头随手扔进了垃圾篓，自嘲地说了一句："有什么了不起！"

无论你信不信，真的就是那场电影，彻底治愈了我，它把我一直以来最抗拒、最不愿承认的东西，一层层剥开，呈现在我眼前，强迫我去认清事实。过程是痛苦的，但在痛过后，却是难得的清澄与明朗。

当然，那一场失败的单恋，也让我提早明白了爱情是不能勉强的，所有的冷漠与忽视，大都不必去找寻什么借口，TA只是没那么喜欢你、在意你，仅此而已。我们不必为不值得的人哭泣，或是刻意改变，苦苦留恋一个飘忽而逝的生命过客。

把真心收好，留给真爱你的人吧！

青春是
一个自修的过程

> 在人生的路上，有一条路每个人非走不可，那就是年轻时候的弯路。这条弯路，谁也没法替谁走。不摔跟头，不碰壁，不碰个头破血流，如何炼出钢筋铁骨，又怎能茁壮成长？

蕾蕾在单亲家庭长大，与妈妈相依为命。

离婚是妈妈主动提出来的，她认为自己在爱情的选择上过于仓促，婚后才发觉两人的性格、价值观、生活方式上有太多不同，不愿整日为此争吵，就选择了分道扬镳。吵闹的硝烟没了，但妈妈的心里却有一个解不开的结，明明是自己犯的错误，却要孩子承担生活在单亲家庭的苦，她总觉得对不起蕾蕾，总像保护花蕊一样，不愿她受一点点伤。

终于，从未离开过庇佑的雏鹰长大了，要靠自己的翅膀去飞翔了。蕾蕾怯怯地走出象牙塔，迈进了社会这个大熔炉，身后是妈妈关切的目光、焦急的神情，还有无休止的叮嘱。

"社会跟学校不一样，说话做事要有分寸，也要多留几个心眼，不可全抛一片心。你这样直来直去的性子会吃亏的，要圆滑一点，外面的人可不会拿你当孩子一样宠着。"上班的第一天，她满脑子都在重复这些话。安静地躲在办公室的一角，偶尔开口询问工作上的事，她也是小心翼翼，像只胆怯的小鹿，生怕不经意间打扰了谁的安宁，惹来不悦。

同事还是蛮好相处的，一个男生逢人就微笑，对她这个新来的人亦如是。在公司里，让她觉得最温暖的，莫过于这一抹微笑了。可当她把此事说给妈妈的时候，听到的回复却大煞风景："你们公司人多眼杂，凡事小心点儿，很多事情不像表面看上去那么简单，笑里藏刀的人最可怕了，说不定会背后下软刀子。"如针扎般的字眼，钻进蕾蕾的耳朵里，有一种刺痛之感。

躺在床上，盯着外面天空里不常见的满月，她开始怀疑生活，怀疑世界：是不是真的难以找寻到一片净土？是不是人心真的复杂到难以捉摸？青涩的气息分明还未退却，青春激昂的心分明还在跳动，难道就得披上成熟的外衣，掩盖所有的迷茫和不解，装成一个历经世事的人？她总觉得，自己装不出来，那也不是自己该有的样子。

蕾蕾还记得，大学毕业典礼那天，《人民日报》的主任在礼堂里语重心长地发表了致辞。而今，她还能想起那番令人激动不已、感人至深的忠告："不用害怕圆滑的人说你不成熟，不用在意聪明的人说你不明智，不要照原样接受别人推荐给你的生活，选择坚守，选择理想，选择倾听内心的呼唤，才能拥有最饱满的人生。"

妈妈是爱自己的，恨不得将自己的人生统统安排好、计划好，不出一点纰漏，不走一点弯路，不受一点伤害。可那样的爱，却也剥夺了对生活的诸多体验，甜的、苦的、酸的、痛的，都是生活的一部分，只是认得这些形容词，却不知究竟是何味，也是遗憾。

蕾蕾决定，哪怕头破血流，哪怕遍体鳞伤，也要做一个真实的自己，尝尝生活的味道。毕竟，青春是一个自修的过程，唯有走过了、试过了，才会懂得。成长需要时间，成熟也不是谁能教会的经验。

事实上，不成熟并非什么可怕的事，最可怕的，是在不成熟的季节故作成熟，扭曲了自己。要么变成白天带着假面、不敢袒露出真实自己的傀儡；要么是在别人所指的路上前行，一边走一边频频回望，想尝试那条自己想走却未曾走过的路，满心遗憾。

最终，这个纯净如水的女孩，甩开了妈妈的搀扶，跌跌撞撞地上了路,在生活中留下两行深深浅浅的脚印。她犯过错,不懂职场规则,不会察言观色;她犯过倔,不肯接受人事部的调动,给咄咄逼人的人事主管来了一个下马威,说宁肯走人,也不愿意让她"胡乱"安排;她犯过晕,给客户邮寄包裹的时候,丢三落四,把人家的高级电脑包丢在了库房,险些找不到,后又打电话给人家道歉;她还犯过"傻",被一个私心很重的同事利用,还替别人背了黑锅。

笑过了,哭过了,闹过了,蕾蕾终于品尝到了生活中的各种滋味。确实,比妈妈形容的有过之而无不及,那滋味不太好,但也是那份难以下咽的苦楚酸涩,让她学会了判断和取舍,知道未来的路,该如何继续走下去,怎样掌握平衡。

几年后,蕾蕾也到了谈婚论嫁的年纪。在感情的选择上,母亲显得更加忧心,她觉得自己是过来人,且有过失败的婚姻经历。在这一点上,她生怕蕾蕾重蹈自己的覆辙,于是开启了过度保护的模式。

追求蕾蕾的是两个截然不同的异性,一个是青春时尚的朝气男生,一个是体贴温存的老实男人。蕾蕾喜欢前者,和他牵手漫步在夕阳下,心里会有怦怦跳的感觉。妈妈却说,过日子就要选后者,轰轰烈烈终会化为平淡,柴米油盐的琐碎终会淹没玫瑰的芳香。

没有人比妈妈更了解女儿了,她的蕾蕾,是一个把爱情装在玻璃瓶里欣赏的姑娘，心里充满了幻想和期望，还不知爱情为何物。周围的女孩子们都名花有主了，眼看蕾蕾也迈过了25岁的门槛，她实在不想女儿在感情上浪费太多时间，走太多弯路，凭自己一时的感觉来选择一生的伴侣。

都说女大不由娘，蕾蕾再一次违背了母亲的意愿，我行我素。

其实，蕾蕾何尝不知妈妈的用心良苦，但在感情的世界里，她就像一个没有成熟的果子。看到周围的人都成熟了，就自己还青青涩涩的，心里不免会着急。可如今，她也想开了，一旦成熟了，不就该掉了吗？什么都看透了，算计着，还如何享受爱的过程？或许，跟朝气男生的恋情会无疾而终，但终究还是爱过了，总好过一辈子藏在心里，变成遗憾。

蕾蕾不想在任何人的经验里生活，也不想那么快地变成熟。她说："现在的我，就属于现在，那么着急忙慌地干什么？二十几岁的人，非要活成三四十岁的样子，我做不到。"

因为拗不过，妈妈也不再多说，任由她去。

果然，不到一年的时间，蕾蕾跟朝气男生分开了，这段感情结束得干净利落。男生是一个目标明确的人，阳光自信，活得也很自我，在许多重要的问题上，他跟蕾蕾的看法大相径庭，无法协调。蕾蕾也懂了，自己曾经仰慕的这类人，只适合做朋友和导师，而不适合做一生的灵魂伴侣。

爱过了，不遗憾，即便放弃也心甘情愿。蕾蕾没有太过沉沦，尽管这是她第一次恋爱，也是第一次失恋。毕竟在这段自己选择的感情里，她尝到了爱情的甜蜜，也领略了失去的痛心，更重要的是学会了成长，多了几分理性。

蕾蕾的故事，让我忽地想起了张爱玲的那篇《非走不可的弯路》。所有的情景，竟然是那么地相似。

在青春的路口，曾经有那么一条小路若隐若现，召唤着我。

母亲拦住我："那条路走不得。"

我不信。

"我就是从那条路走过来的，你还有什么不信？"

"既然你能从那条路走过来，我为什么不能？"

"我不想让你走弯路。"

"但是我喜欢，而且我不怕。"

母亲心疼地看我好久，然后叹口气："好吧，你这个倔强的孩子，那条路很难走，一路小心！"

上路后，我发现母亲没有骗我，那的确是条弯路，我碰壁，摔跟头，有时碰得头破血流，但我不停地走，终于走过来了。

坐下来喘息的时候，我看见一个朋友，自然很年轻，正站在我当年的路口，我忍不住喊："那条路走不得。"

她不信。

"我母亲就是从那条路走过来的，我也是。"

"既然你们都可以从那条路走过来，我为什么不能？"

"我不想让你走同样的弯路。"

"但是我喜欢。"

我看了看她，看了看自己，然后笑了："一路小心。"

我很感激她，她让我发现自己不再年轻，已经开始扮演"过来人"的角色，同时患有"过来人"常患的"拦路癖"。

在人生的路上，有一条路每个人非走不可，那就是年轻时候的弯路。这条弯路，谁也没法替谁走。不摔跟头，不碰壁，不碰个头破血流，如何炼出钢筋铁骨，又怎能茁壮成长？

不成熟的日子里，我们都会受一点伤，走一点弯路，可那化茧成蝶的美丽，却是无可替代的。我只想，待迟暮之年，坐在摇椅上回味着走过的路、流下的眼泪时，虽觉沧桑，却笑在心田。所以，何必成熟得太早？慢慢成长，慢慢蜕变，出落成一个真实而饱满的自己，拥有一段独属于自己的人生轨迹，不好么？

真爱你的人，
只怕给你不够多

> 什么是最好的爱情？不是什么天荒地老，海誓山盟，而是在你灰头土脸、落魄不堪的时候，还愿意陪着你，赶也赶不走。

都说人生如戏，我却时常觉得，人生有时比戏更离奇，也更曲折。

一张突如其来的诊断书，像毫无征兆的晴天霹雳，瞬间击碎了所有人的心。我表姨的女儿妍姐，33岁，罹患了乳腺癌。她结婚尚不到两年，结婚照看起来还是鲜亮无比，在房间的墙上静置，照片上的两个人，笑得如阳光般灿烂，透着甜蜜与幸福。可是，我们都没有想到，那样的幸福只能定格在照片上了，那个在婚礼上信誓旦旦说要照顾她一生一世的人，却像懦夫一样，做了临阵脱逃的兵。

Chapter 5
微笑吧，就像从未受过伤一样

妍姐去检查那天，是表姨陪她去的。拿到诊断书时，妍姐哭成了泪人，虽有妈妈在身边陪着，可她还是第一时间给丈夫打了电话。表姨说，他来的时候，只是简单地安慰了妍姐几句，接着就说，不相信诊断结果，非要妍姐去别的医院再查。一路上，他脸色阴沉，她们还以为，他是担心过度，却不曾想到，比生病更糟的事，还在后头。

乳腺癌是确定无疑的了，从解放军总医院到协和，得到的结果都是一样的。妍姐的婆婆是一个能说会道的人，极其会做场面事儿，自打知道儿媳妇得了病，她的态度就来了个180度大转弯，终日在家里唉声叹气，抱怨自家不幸，说只有这么一个独子，本以为今后能儿孙绕膝，享享天伦之乐，眼下还不知道有没有这个福气。

谁听到这样的话，不觉心寒？最难以忍受的是，妍姐某天下班回来，丈夫告诉她，接到了公司外派的**通知**，在事业单位盼到这样的机会不容易，只去一年，派遣费给18万，对今后发展也有帮助。

放在以前，妍姐不知得有多开心，现在她却连哭都哭不出来了。真是如人所说，很爱很爱的感觉，要在一起经历很多很多事之后才会发现。眼下才刚刚开始，自己就遭到了他和婆家的嫌弃。他们是害怕，自己生病会拖垮这个家，成为他的负担和累赘。妍姐故作平静，但心里已经明白，这辈子是所托非人了。

丈夫出国后,妍姐就搬回了表姨家。最信任、最想依靠的枕边人都走了,还过什么日子呢?在娘家,至少心里能暖和点儿。想起当初结婚时,表姨和姨夫是不大同意的,说对方的家庭条件是不错,但亲家不太好相处,怕妍姐受委屈,但她乐意,老人也就没说什么。而今,却中了那句话,吃亏在眼前了。

妍姐离婚了。幸好,还有亲人。亲情总是血浓于水的,即便以前哭过、闹过,可在受伤的时候,他们永远会为你张开臂膀,为你挡风遮雨。后来,妍姐才知道,其实还有一个秘密包裹在岁月里,从未被打开。

表姨家有两个孩子,妍姐老大,下有一弟,但其实,妍姐不是表姨亲生的。早年,表姨结婚四五年都没孩子,就从表姨夫的哥哥家过继了一个孩子,那孩子就是妍姐。没想到,后来表姨又怀孕了,却也没想过把妍姐送走,就当自己亲生的一样养着了。

妍姐知道真相后,觉得自己的人生简直就像在演电影,有着那么多的铺垫,还有那么多跌宕起伏的情节。震惊之余,她又涌起一股愧疚,自己为了结婚的事与养父母翻脸,伤了他们的心,而他们却待自己如亲生女儿。当她在生死的边缘挣扎,处在人生最低谷的日子里,他们不离不弃,宁愿倾家荡产,也要保住自己。再想起那个让自己不顾一切爱上并嫁了的男人，她更觉灼心。

考虑到治疗效果，医生的建议是切除。妍姐33岁，尚未生育，要她做出这个决定，实在太难了。表姨一家却觉得，没有什么比杜绝恶化、保住性命更要紧，坚持要妍姐听医生的安排。都是女人，我当然知道妍姐怕什么，她那么爱美，那么在意形象，平日里买一件内衣都舍得花四五百块钱，突然让她放弃彰显女性美的资格，真是残忍。她也害怕，自己会不被异性接受。

人生总有无数个转折点，就在妍姐身患重病、感情受挫的时候，另一份感情眷顾了她。

我认识那个人，他是妍姐的高中同学。人长得不高，上学时一直追妍姐，还总傻乎乎地待在表姨家小区门口，等着给妍姐送东西。妍姐上大学后，他也经常给妍姐打电话，还跑到家里来找她。不过，妍姐对他始终没什么感觉。再后来，她认识了前姐夫，两人恋爱结婚，他才彻底从妍姐的生活中消失。

说实话，我其实蛮喜欢这样的男生，看起来平平常常，不是那么地耀眼，却始终散发着一种淡淡的温暖。他只是对你好，没有任何的附加条件和要求，如果有一天你找到了归宿，他就默默地走开，不再打扰。

谁又能想到，在妍姐遭受了一连串打击的时候，他又出现了，对她嘘寒问暖，一如当初。他的一番深情，在从前的妍姐看来，不过是因为没有得到而不甘心罢了，她宁愿相信他爱上的只是爱情本身，或是那个一往情深的"自己"。生活里向来都是锦上添花的多，雪中送炭的少。这一刻，她所有的怀疑都被推翻了。

他说的话，句句都很实在："我是听我妈说的，我就是想来看看你，看我能做点什么。"一向高傲的妍姐，垂头落泪，那一滴滴无声的泪，饱含了她所有的心情。此后，她的身边就像多了一个亲人，陪她检查，陪她治疗，陪她散心。妍姐对他，依然没有像当初对前姐夫那般火热的激情，一切都是平平淡淡，但比从前踏实。

至今，我们也不知道，他究竟跟妍姐说了什么，竟让妍姐同意了切除手术。听说，进手术室的前一刻，妍姐毫不紧张，一直冲表姨他们微笑。大概她是觉得，上天待她不算薄，就算那是自己生命的最后一刻，她也是幸福的。至少，不孤单，有爱相随。

妍姐恢复得很好，一直到现在情况都很平稳，没有任何复发的迹象。在生死边缘挣扎过，在感情面前挫败过，她比从前平和了许多。至于他，就像恋人、亲人一样陪在她身边，妍姐还不想再婚，他笑笑，说自己并不在乎。

生活需要仪式，却不能过分夸大它的价值。前姐夫给了妍姐一场超浪漫的婚礼，却还是在她最难挨的时候，做了逃兵。什么是最好的爱情？不是什么天荒地老，海誓山盟，而是在你灰头土脸、落魄不堪的时候，对方还愿意陪着你，赶也赶不走。

　　亦舒在《玫瑰的故事》里说，失去的东西，其实从来未曾真正地属于你，也不必惋惜。

　　所以，那些可以找回的东西，你从来都没有丢失过，就像历经了吵闹却最终抱在一起的亲人，就像历经了错过却最终重逢的爱人。而那些在坎坷岁月里丢失了的东西，就像曾经山盟海誓却经不起风雨的爱人，打着爱的名义却没有丝毫责任的婚姻，或许从一开始就未曾拥有过。失去了，就让它逝去吧，不必惋惜，且行且珍惜的同时，也要学会断舍离。

心灵的救赎，
始终要靠自己

> 也许，你我都曾被冷落、伤害，体会过不被理解和在意的孤独，可就算全世界都不爱我们了，我们依然要好好爱自己，如向日葵那般，努力地朝着阳光生长。

孤单的影子，破碎的家庭，拮据的生活，这是露记忆里青春的模样。

母亲生病那年，她只有12岁，刚刚上初一。那是什么样的年纪？大概只是隐约懂得母爱是最珍贵的，却还不曾深思它的意义，也不曾明白失去它将面临怎样的窘境。不过，现实很快就给她补上了这一课。

同龄的孩子回家后，桌上总能看到自己爱吃的、热乎的饭菜，而等待露的却是冰冷的锅灶，一碗方便面加鸡蛋，是她的家常便饭。新学期到来时，不少姑娘都穿上了新衣服，是母亲帮她们购置的，还会给书包里装上一点儿水果，露却什么都没有，父亲只会抽烟酗酒，偶尔坐在沙发上用力地搓着脸，长久的沉默流露出他对生活的厌倦。喝多了的时候，还会骂露两句，尽管不是针对她，但那颗脆弱幼小的心，依旧难以承受。

背地里，露偷偷地哭过许多次，也曾到无人的空地哭喊着母亲。回到人群中，再让自己强颜欢笑，假装什么都没发生。小小年纪，就给自己戴上了面具。

渐渐的，开始有人给露的父亲说媒。是啊，父亲只有37岁，今后的日子还很长，一个人这样单着终究不是事，将来露长大了，离开了，父亲又是孤零零的一个人。

父亲被说动了，不久后，家里就多了两口人，一个是露的继母，另一个是与露没有任何血缘关系，却被告知要好好相待的妹妹。街头的老人，常常在露走过去之后，窃窃私语，说有后妈就有后爹。起初她不懂，可渐渐的，生活上的一些细微变化，让她彻底明白了那句话的深意。

过去，父亲也抽烟酗酒，但时不时地会给她零花钱，不曾委屈她。现在，家里多了两口人，父亲也不再掌握财政大权，所有吃的、用的、穿的，都得经过继母的点头许可，才能拿到钱去买。就算是买必需品，继母也会先讲述一番道理，诸如"你看，家里不富裕，我也不赚钱，能给你的就这么多"，而后掏出一点点可怜的钱，递到她手上。一转身，她便看见继母穿上新买的衣服，在镜子前扭来扭去。

继母没对她发过脾气，说话也算客气，可就是这份"客气"，才更让她觉得不自在。继母对待妹妹，却并不是这样，有打骂、有抱怨、有指责，可看起来却是那么亲，让她不由得想起了自己的妈妈。

家，还是原来的那栋房子，屋里的陈设，也没有多大改变。可是，家的味道，已经变得很陌生了，陌生得让她感到害怕，感到厌倦。她无处诉说，碍于面子和自尊，她只能故作欢颜；她无比孤单，渴望一处港湾，给她温暖，让她栖息。

15岁，她就对生活有了无望之感，甚至想要堕落，告诉父亲和继母，让自己自生自灭。幸好，那一年，姨妈从外地搬到了她所在的城市，她的命运也随之改变了。

姨妈是露妈唯一的妹妹，很早就离开故乡去外面闯荡，有过一次失败的婚姻，但没有孩子。这些年来，她一直独自生活。以前妈妈在世时，姐妹俩经常打电话，邮寄东西。或许，是因为没有亲人在身边，姨妈对家庭、对亲情无比地渴望。当她来到露所在的城市后，也了解了露的处境，就跟姐夫商议，让露来跟自己做伴。

家里的日子本就不富裕，父亲虽有不舍，更多的却也是无奈。临别前，父亲对她说："经常给家里打打电话，需要用钱就跟我说。"这句话，说得没什么底气，她知道，那不过是父亲说给姨妈听的，只为维护一个男人和一个父亲的尊严。

在姨妈这里，露仿似重新看到了妈妈的影子。也许，是成长的环境造就的性格使然，也许是自卑感在一直左右着她，她一直郁郁寡欢。偶尔，在言谈中，她还会透出一股自轻自贱的态度。姨妈把这一切都看在眼里，没有责怪她，反倒是心生爱怜。

某天夜里，她在房间里呆呆地坐着，姨妈面带微笑地走了进来。她脸上的阴郁，根本不该是那个年纪的女孩应有的，姨妈拿出一个包装完好的礼盒，递给她说："丫头，生日快乐。"生日？她竟然把自己的生日忘了。自从母亲离开后，便再没有人给她过过生日，哪怕是煮一碗普通的面条，聊以安慰也罢。

她问姨妈："我能打开吗？"姨妈笑着点头。

那是一条漂亮的牛仔裤，还有一件白色的上衣。顿时，她有种想哭的冲动。片刻后，她小声说了一句："谢谢。"

姨妈拉着露的手，说："我刚离婚的时候，都不敢想未来是什么样。那时候我只有26岁，可离婚女人的身份让我难以接受，总觉着，女人离了一次婚就贬值了。我把心思都放在了自己的店里，生意越来越好，整天忙里忙外的，我也就不再乱想了。后来，也有不少人给我介绍对象，条件都挺好的，而且那些人知道我离过婚，也并不在意。我才知道，人必须先看重自己,别人才会看重你。我希望你记住这一点,看重自己。"

十几年过去了,露依然记得那个生日之夜,记得姨妈的那番话。不必在意别人是不是喜欢你,是不是公平地对待你,更不要奢望人人都会善待你。累了就停下来歇歇,难过了就蹲下来抱抱自己,冷了就给自己一点温暖,孤独了就为自己寻一片晴空。

在光明下欢笑是一种本能,而在黑暗中欢笑则是一种品质。

几米在《星空》里说:"孤单时,仍要守护心中的思念。有阴影的地方,必定有光。每个人无论遇到了什么,心里受到了打击。最终都会有一束光,打开心扉,美丽的光必定会照射每个角落。"

也许,你我都曾被冷落、伤害,体会过不被理解和在意的孤独,可就算全世界都不爱我们了,我们依然要好好爱自己,如向日葵那般,努力地朝着阳光生长。

每个人的心灵救赎,最终还是要靠自己。

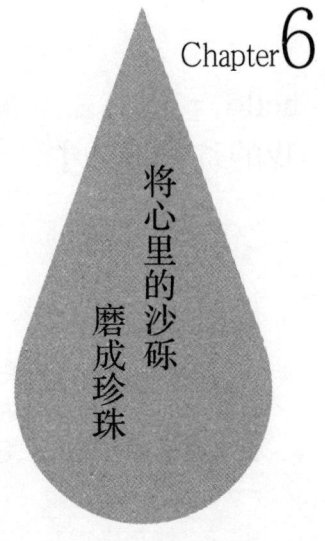

Chapter 6

将心里的沙砾磨成珍珠

因为你能痛苦,就说明你对生活还抱有希望!

/路遥

hello,
我的贫穷贵公主

> 彪悍的人生不需要解释！你笑任你笑，我不做过多的解释，因为那样并不能改变什么，只能徒留伤痛。我会默默地充实自己，是丑小鸭还是天鹅，时间自会证明一切。

生活大概给每个人都安排了被嘲笑和被蔑视的考验，只是考验的时间或早或晚，考验的场合不同而已。面对无端的嘲笑和蔑视，选择努力武装自己的人，才是真正的强者。当有一天，你变得足够优秀，便再无法被忽略、被轻视。

时光倒退十余载，我还只是一个懵懂的女孩，而那时的陈菲却已饱尝人情冷暖，她叹着气说出那句意味深长的话——"穷在闹市无人问，富在深山有远亲。"

我和陈菲同住在电厂的家属院，她的父亲原本也是厂里的职工。那些年厂里效益不好，计划大面积裁员，一向忠厚老实、做事认真的陈父，明明是组里干活最卖力的，却第一个被列入下岗的名单。安守本分的陈父，为人和气，周围那些爱算计的人总是时不时地占他一点便宜，其实他心里明镜似的，只是不愿意计较，唯独下岗这件事，他是真的不能忍，全家人都靠着他那点儿工资生活，若丢了工作，还不知道该如何生活。

为了保住工作，陈父硬着头皮跟主任说软话，主任原本就嫌陈父太清高，没给自己送过礼，便借此机会奚落了他一番，话说得极其难听。陈父那天中午喝了点酒，心里本就对主任的公报私仇窝着一口气，再被他冷嘲热讽一番，一时气急，便跟对方起了争执。结果，失手将对方打成了重伤，被判了刑。

那一年，陈菲16岁，正读高中。

父亲这一顶梁柱倒了，加之又赔了人家不少的医药费，陈家的生活很快就陷入困境。高中毕业后，陈菲考上了大学，学费和生活费却让陈母犯了难。没什么文化的她，在陈父出事后，在小区里做清洁工，每个月不过1000块钱，真的是掰着手指头算计着那点钱维持生计。从前，院子里的人都挺爱去陈家聊天，后来便再没有人登门了，就连陈菲考上了哪所大学都不敢问，生怕陈母会开口借钱。

大学开学前不久，我请陈菲吃了一顿必胜客，送了她一件衣服，算是给她饯行。就是那天，她红着眼圈跟我说："现在，周围的人都看不起我们家。我妈去舅舅家给我借学费，钱是借来了，可舅妈一直哭穷，还指责了我爸，说他做事不顾后果。她看我们的眼神，还有那轻蔑的语气，就像一根刺，扎得我浑身不舒服。"

我看着陈菲，清秀的脸上挂着同龄人不该有的惆怅和委屈。我不知道该怎么安慰她，只是告诉她都会过去的。那次分别后，陈菲去了外地读大学，期间她一直没有回家，我们只是偶尔发发短信，直到大三的那个暑假才重逢。

我依然记得见面那天的情景：陈菲穿着深蓝色的牛仔裤，纯白色的T恤，整个人清瘦了许多，但脸上却一直挂着灿烂的笑，跟上次临别时的那个忧郁女孩判若两人。我迫不及待地想知道她在外地经历的一切，但我听完后，却迟迟说不出话。

那时的我还不曾涉世，尚未真正领悟人情冷暖，还沉浸在校园的美好中肆意享受着青春，而眼前的这个同龄女孩，却在钢索一样的生活上孤单地前行了很久。

陈菲在学校里帮别人"跑腿"赚辛苦钱，有时是帮人订饭、送取东西，有时是跑到几十里外帮人购物，周末到快餐厅做服务生，晚上泡在通宵自习室里给人代笔写文稿。在寒暑假里，她不间断地做服务生，学费虽还攒不够，但生活费却绰绰有余了。

"会不会太辛苦了？"我带着一丝怜惜，小心翼翼地问。

"比起被亲近的人看不起,好过多了。"陈菲微笑着说。

我至今也不知道,那一抹云淡风轻的笑,究竟要有多么强大的内心才能够做到。有时我在想,若换作是我,是否也能像陈菲一样,顶住周围人的轻蔑与藐视,像树一样坚挺地生长?

也许是过早地接触了社会,当我大学毕业后四处找寻工作时,陈菲已经站在另一条起跑线上了。她说:"我爸是个老实人,一辈子就想安生地上个班,没想到最后却成了这样。他是真的害怕生活有变动,但经过这么多事我才知道,恐惧改变才是最可怕的事。"

陈菲想自己干点什么,但院子里七嘴八舌的议论声也随之而来。有人说她不务正业,晃晃荡荡地没有稳定工作;也有人说上大学没什么用,根本找不到工作……任由他们怎么说,陈菲好像都充耳不闻,她有自己的想法。

"如果有些人帮不了你的忙,还会搅合得你烦躁不安,那就干脆离他远一点,别去想他怎么看你,他说了什么话,否则一点儿好处也没有。你越是怕,越是回避,就变得越懦弱,最后可能就真的成了他们所说的那种人,即便你不想。"现在回想起她说的这番话,我依然觉得甚是有理。

每个人都会本能地害怕别人轻视自己,当那把利剑刺过来的时候,我们总担心无处藏身,怕自己被伤得体无完肤,所以很多时候就会下意识地躲避或反击,甚至掩饰自己真实的想法和行为，力求能堵住别人的嘴，入得了别人的眼。

我真的很庆幸，身边还有陈菲这样的女孩作榜样。她没有任何的抱怨与戾气，没有用刻薄的言语回击过任何人，而是用行动诠释了自己的骨气，让所有人知道：彪悍的人生不需要解释！你笑任你笑，我不做过多的解释，因为那样并不能改变什么，只能徒留伤痛。我会默默地充实自己，是丑小鸭还是天鹅，时间自会证明一切。

就在两年前，陈菲赚到了人生中第一个50万。她接手了一家花店，但不只是卖花，还会低价收购婚礼、酒会、庆典上的废旧花篮，然后倒手卖给婚庆公司，因为不少年轻人在婚礼上都会选择"花瓣雨"，这也是她出席朋友婚礼时灵光一闪想出的点子。现在，陈菲的花瓣生意做得风生水起，那些借助室内自然风干法储藏的花瓣，看起来依然柔嫩鲜艳，价格能卖到300块钱一斤。

我们依然住在那个老旧的家属院，陈父也早已回到家中。院子里再没有对陈家的议论声和鄙夷声，过往的那些轻视，或变成了赞叹，或变成了羡慕。豁达的陈菲，似乎也未计前嫌，一如从前那般地安安静静、不温不火地生活着，笑对身边的每个人，包括曾用轻视的目光刺痛过她的人。

记得《贫穷贵公主》里有一处情节，达西对莉迪亚说："太过在意别人的眼光会致使自己被禁锢在一个狭小的蛋壳里,逼仄的空间迟早会让你无法呼吸。你现在最需要做的事就是打破这层蛋壳,勇敢地走出去。你是为自己而活,不是为别人。嗯,想之前那么多苦难你都挺过来了,这些非议算得了什么?"

我想,像陈菲这样的姑娘,大概就是现实版本的"贫穷贵公主"吧!她的高贵不在于外在条件,而在于内心。当周围尽是污浊与黑暗时,她像一株小荷默默而坚韧地生长着,凭借着自己的力量穿过所有的淤泥,透过水面与阳光相遇,一切是那么美好。

美好当如茶，
安静地绽放

> 我更欣赏的，是那些如茶般安静绽放的人。他们就像是一搓好茶，乍一看也是青灰色的模样，没什么特别，但在沸水的浸泡中，它会慢慢伸展开来，绽放出柔美的姿态，散发出清新的茶香。这时，品尝的人才会懂得，它原是那么地特别。

浮躁喧嚣的生活，不知不觉加重了人心的焦虑，很多人在渴盼一件东西的时候，难免心急火燎、忐忑不安，有时候哪怕多等一分钟，都会觉得是一种煎熬。其实，并不是没有时间去等，也不是真的来不及，就是厌烦等待的过程，没有耐心，生怕错失。

忘了从什么时候开始，我不再愿意跟姑娘小Q聊天，总觉得她身上带着浓重的浮躁气息，也有些负能量。我的内心还没有强大到"刀枪不入"的地步,听太多负面信息,难免会影响情绪。更何况,小Q也不是一个听劝的人,她要的,不过是找个人发泄而已。

客观地说,小Q还是很有才华的,但也实在可惜了这份才华,工作这么久,都没有多大的起色。她原来所在的公司是一家合资企业,人际关系复杂,竞争激烈,特别是她所在的部门,利益纷争很多。小Q性子倔,说话直,不会左右逢源,虽然能力不差,但始终得不到领导和同事的喜欢。清高孤傲的她,总是抱怨周围的人没眼光,什么都不懂,放着人才不会用,搞裙带关系。有一次,她还跟同事在办公室里大打出手,且当着领导的面。可想而知,造成的影响有多坏,哪怕她再有理,终究让人觉得她有些"泼"。

小Q一直是那种喜欢做焦点的女孩子,无奈这公司的同事都不相上下,谁都拼命地往上爬,以此来凸显自己。不被重视的小Q,看着同级的同事升了职,心里全是恨,不停地诋毁对方,说领导看走了眼,说自己比对方强。不管怎么说,就是觉得好事都应该落在自己头上,唯有自己才有资格。

自信是好事,但若眼里容不下别人的优秀,这样的自信就多了几分自以为是的味道,让人觉得不舒服。小Q大概没有意识到,她的言行已经给人留下了糟糕的印象。咽不下不受重视这口气的她,选择了跳槽。

就在她走后不久，那个经常对她指手画脚、不停挑刺儿的上司，被调到了其他区域。新上任的领导，是公司里一直很欣赏她的人。她在职的时候，对方也苦口婆心地劝过她，让她把心思专注于工作，不要过于在意那些琐碎的事。无奈，小Q的性子很急，听不进去，执意要走。得知后来的情况，她心里也有点后悔，但也不能回头了，只得另觅出路。

小Q去了一家新公司，待了几个月后，又开始抱怨，说公司的气氛太压抑，太过保守，自己的诸多想法在这里无法实施。那一年下来，小Q换了三份工作，业内同行有不少都是旧相识，对她的情况也都略知一二。说得最多的就是，她有点能力和才华，就是太浮躁，太自我，不好相处，做事没长性。

起初跟小Q一起的那些同事，思维都不如她敏捷，但都踏实肯干，也有一些在公司里做出了成绩。每次听到那些旧同事说起现况，小Q心里都不服气，觉得是人家运气好，而自己却总是碰不到伯乐，没遇到好机会。总之，错不在自己。

真是没机会吗？我觉得不是，这不过是小Q最习惯找的借口罢了。一个人无论遇到什么事，最理智的做法不是急着去埋怨别人，责怪别人，而是先做自我反思，看看是不是自身出了什么问题。再说，即便是有运气的成分，也得靠耐心去等待和创造。

曾经看过一期动物类节目,在冰天雪地的北极,北极熊为了维持生命,要在冰上等着环斑海豹探头呼吸的机会,然后在那一瞬间捕捉对方。环斑海豹很聪明,它会在冰面上留出十几个冰洞口,时刻防范着北极熊。对于这样狡猾的猎物,北极熊能做的,就是认准了一个冰洞口,一动不动地在那里候着。看似笨拙,却是最聪明的举动。概率再小,可认准这一个口,就总有机会与猎物相遇。等待很漫长,但总好过来来回回地更换洞口,导致竹篮打水一场空。

谁都知道,等待不是一朝一夕的事,那个过程是枯燥的,会令人心生厌倦。然而,许多事不能省略等待的过程,如果你等不及,就可能什么也等不到。很多时候,美好就在不远处,着急忙慌地折腾,注定只能与之擦肩而过。

事实上,任何事情都不可能一步到位。你的才华,你的能力,总需要给别人一点时间去发现,也需要借助一些事情来展现,过程肯定会有苦闷和憋屈,但只要不慌,不急,不躁,你的美好终会慢慢显露出来。

歌德说:"只有两条路可以通往远大的目标,得以完成伟大的事业——力量与坚忍。力量只属于少数得天独厚的人;但是苦修的坚忍,却艰涩而持久,能为最微小的我们所用,且很少不能达到目标,因为它那沉默的力量,随时间而日益增长的不可抗拒的强大力量。"

所以，我更欣赏的，是那些如茶般安静绽放的人。他们就像是一搓好茶，乍一看也是青灰色的模样，没什么特别，但在沸水的浸泡中，它会慢慢伸展开来，绽放出柔美的姿态，散发出清新的茶香。这时，品尝的人才会懂得，它原是那么地特别。

越是浮躁的时代，越需要沉下心来，这是一种矢志不渝的坚持，也是内心深处最坚韧的力量。所有不曾发光的日子，都需要坚守和执着，你要做的，是等，是静，是不断地自拔与超越。

欲戴王冠，
必承其重

> 青春的日子总是匆忙的，幻想着美好的未来会如约而至，却不肯去努力，荒废了时间，蹉跎了岁月，又有什么资格抱怨呢？时间，永远不会等你，也永远不会欺人。你的选择，你的生活方式，决定了你将来会成为一个什么样的人。

在国企上班的丫丫，QQ头像每天都会在我的电脑右下角闪烁不停。

她工作不太忙，基本上一天的工作上午11点之前就能搞定，剩下的时间就可以自由支配了。当然，单位对员工上网有限制，只允许登陆QQ这些联络工具，不能进行网上购物、看电影等娱乐活动，这让丫丫小姐郁闷至极，相当于每天有好几个小时都是在"熬时间"。

其实，丫丫刚入职的时候，情况并不是这样的。主任给她安排的工作很多，每天有做不完的表，还要统计考勤，计算工资、加班费等。那时候，丫丫每天都要加班，周末也很难闲着，从大学里一路玩耍过来的她，突然被剥夺了自由，承受着巨大的工作压力，这让她非常不适应。当然了，辛苦的同时也是有报酬的，那会儿她的工资在4000元左右。

可是丫丫不高兴，因为不能早下班看电视，周末不能去逛街约会，她说这工作特别累，不想干了，办公室里就她最忙，其他同事都很闲，前一秒还看对方在玩手机，下一秒你请他帮一点小忙，他就说自己手里有事，腾不出功夫。对职场上的这种人情冷暖，热心肠的丫丫也是挺失望的。

在我的印象里，从小到大，丫丫都是一个爱玩的女孩，对学习、看书这样的正经事，特别反感。为了锻炼她，家里特意在高中时把她送到河北省一个学习环境比较艰苦的重点校。在那里，同学们都是早起晚睡，都在拼命地学，丫丫却跟我说："那些人特没劲，你想跟他们聊会儿天，他们爱答不理的。"据说，为了打发苦闷的时光，丫丫买了两只小乌龟，每天带着去上课。高考的成绩就不用说了，丫丫的分数只够上一所大专。她并不介意，大大方方地承认："我天生就不是学习的材料。"

毕业后，家里托了关系，给她找了这家国企单位，在综合部做助理。突然的忙碌和辛苦，让丫丫很不适应。她羡慕那些比自己轻松的同事，也为自己抱不平，渐渐地对工作的事就开始懈怠，有时甚至跟主任顶嘴。不想干活的时候，她就直接请病假，休上三天。

企业是铁打的营盘，丫丫休息的时候，工作肯定要有人来做，比她年长五六岁的同事，丫丫一直叫她林姐，就成了代办人。林姐过去在私企做人力资源主管，婚后为了照顾孩子和家，才辞掉原来的工作，来到了这个离家近的单位。林姐的身份是普通员工，而托人进来的丫丫却是干部，工资差了一个等级，可林姐比丫丫有经验，也会为人处世，深得主任的赏识。

果然，在第二年部门整合的时候，林姐被提了干。主任以办公室不能有两个干部做助理为由，将丫丫调离了原来的岗位，林姐替代了她。丫丫的工作比过去轻松了，不用计算工资和记考勤了，但薪水也降到了两千多元，唯独就是离家比较近，否则丫丫早辞职了。

自从降薪后，丫丫就开始整天围绕着钱的话题唠叨。先是说要报考一个成教的本科，说学历和工资挂钩，我建议她学点专业性的东西，比如会计，毕竟她妈妈从事会计工作多年，非常有经验，能给丫丫一些帮助。丫丫觉得这个提议挺好，就报考了北京一所大学的会计专业。距离考试还有两三个月时，丫丫就跟我念叨："万一考不上怎么办？""高数我全都忘了。""真不想看书。"我真的不知如何作答。

　　姑娘啊，这世上哪儿有不劳而获的道理？想要什么样的生活，就要付诸什么样的努力，对我们这些没有任何背景的普通人来说，靠自己是唯一的出路。上班兼进修，虽说是一件很辛苦的事，但是别忘了，欲戴王冠，必承其重。

　　我不知道丫丫复习得到底怎么样，只知道，考试那天，她竟然没有去。原因很有意思，她说考上了估计平日也得去上课，实在太远了。她不知从哪儿听说，有一所三流的院校，可以不上课，只参加考试就行。这消息靠谱与否，无从考证，但我实在想不通，她究竟是只想要一个学历涨点儿工资，还是要掌握一门技能，为将来谋求更好的发展？

　　考试事件过后，丫丫又开始效仿周围的人做起了代购。

　　我身边有朋友做韩妆代购赚钱的，但人家真的是很辛苦地在做，经常要亲自跑到韩国去订货，人肉背回来一部分，快递回来一部分。她那么辛苦，也是为了多赚点钱来还房子的贷款。丫丫的代购做起来，相对轻松多了，完全就是一个中间人，每天在网上转发一些图片，自然也就没赚到什么钱。

　　现在，丫丫已经结婚了，工作上还是稀里糊涂，始终没有去学任何技能。她还是老样子，经常跟我哭穷，偶尔还会"奚落"我："你多干活，就能多赚钱呀！我要是你，天天都舍不得休息。"言外之意，我每天可以不出家门，"轻轻松松"就能赚得比她多。

我哭笑不得。有些话，我始终没有跟她讲过，也觉得没有说出来的必要。

我也不是一毕业就成了自由撰稿人的，也不是一开始就能约到稿子来写的。我在写作这条路上已经坚持了快15年，笔不辍耕；在工作室上班的时候，周末报考了设计培训班，连续一年半基本上没有休息过；工作最忙的时候，连续36个小时没有睡过觉，一直坐在电脑跟前打字，桌子上扔了三四个空的咖啡罐。

这是我选择的路，没有叫苦连天的必要。任何事情只要想到是为自己而做，也就不会有抱怨的想法了。我从来也不会去羡慕那些年薪二三十万、过着光鲜亮丽日子的人，许多东西不能用外表去衡量，若不是坐享其成的话，那么一切拥有和享受的背后，必是不为人知的辛苦付出。只是，大多数人都习惯把最好的一面展现出来，眼泪苦痛自己吞。

青春的日子总是匆忙的，幻想着美好的未来会如约而至，却不肯去努力，荒废了时间，蹉跎了岁月，又有什么资格抱怨呢？时间，永远不会等你，也永远不会欺人。你的选择，你的生活方式，决定了你将来会成为一个什么样的人。

生命只有一次，不可重来，我想要奋不顾身地努力一把，亲历一次因为努力而实现梦想的时刻,就像陈信宏在歌里唱的那样:"青春是手牵手坐上了永不回头的火车,总有一天我们都老了,不会遗憾就OK了。"

不努力,我会遗憾。

真实的高贵，
是优于过去的自己

> 如果能把对别人的嫉妒转变成鞭策自己的力量，不去想着如何诋毁诅咒别人，而是时刻激励自己变得更完美，那么就会获得意想不到的成就。

每次去KTV，顾小北必点的曲目就是《和自己赛跑的人》。

我也喜欢那首歌。在生活这场马拉松里，我们都是和自己赛跑的人，为了更好的未来拼命努力，争取一种意义非凡的胜利。那么，那种胜利究竟是什么呢？我要说说顾小北的故事。

从小到大，顾小北最发憷的人，就是她表姐庄凝。

庄凝只比顾小北大半年，原本俩人是最好的玩伴，可不知从什么时候开始，这位表姐就成了顾小北的参照物。在尚不懂事的年纪，只是周围的大人们把两个孩子放一起比，在有了独立思想后，顾小北也不自觉地开始跟庄凝比。

庄凝长得漂亮，这是不争的事实。舅妈原是歌舞团的演员，模样俊俏，能唱会跳，庄凝遗传了母亲的优点。就读同一所小学时，庄凝是学校里出了名的文艺积极分子，一首《小背篓》让全校的人都认识了她，外加学习好，长得又可人，班长、大队长都让她占了。

顾小北就没那么幸运了。个子不高，瘦小枯干，脾气还很倔。虽然学习成绩也不算太差，但跟庄凝是没法比的。本来六一儿童节、元旦之类的日子，大家都挺开心的，因为不用上课，但顾小北却很不开心，觉得庄凝又会出风头。到了春节更不用说，家里人围坐在一起，可劲儿地夸庄凝，顾小北在一旁就像是陪衬的绿叶。

从那时候起，顾小北就开始嫉妒庄凝，刻意跟她保持距离。

这样的日子，一直持续到初中。顾小北原是不怎么爱学习的，但因为有了庄凝这个参照物，她也不敢过于懈怠，知道那样的话，彼此的差距会更大。中考时，顾小北考入了一所区重点，而庄凝则去了北大附中。

换位思考，如果我是顾小北，我也觉得挺失落的。很多事情，你本来已经很努力了，却总是有另外一个人在你面前，她像一颗璀璨的珍珠，散发出耀眼的光芒，彻底掩盖了你那点儿如萤火虫般的微弱光亮。

高中的日子是最难熬的，整天与复习题打交道，顾小北想一鸣惊人，让所有人看看，自己也是很牛气的。当时所有亲戚家的孩子里，还没有人考上过重点大学，这也给了顾小北莫大的动力，她每天背着沉甸甸的书包，穿梭在宿舍和教室之间，周末回家也很少出门，一直窝在家里看书。高中那三年，顾小北的性格变了许多，不再那么咋咋呼呼，贪图玩乐，反倒喜欢上了看书，家里的书架上陆陆续续地摆满了各种中外名著。

高考过后，顾小北和我在首师大的校园里相遇了。此时的庄凝，选择了哈尔滨工程大学的2+2专业，准备在国内上两年大学后，到英国留学。事实上，师大也算是一所不错的院校，可顾小北还是不那么满意，她没想到，庄凝又比自己计划得远了一步，能去看外面的世界。

不过，在大学的日子，顾小北也没有荒废。

她和我一起加入了文学社，创办过多期校报，给学校活动做过新闻采编。她的歌唱水平也不知何时提高的，竟然几次登上学校的舞台，还拿了校园十佳歌手的奖项。再后来，她迷上了街舞，跟着社团里的一个很胖、动作却很灵活的姑娘学艺，临近毕业时已经跳得有模有样。大三那年，她下定决心，要报考中国传媒大学的研究生。

顾小北身上最吸引我的地方，就是那股子倔劲儿，总能让人嗅到青春无畏的气息，只要是她认准了的事，再难也不退缩。大学的后两年,她几乎牺牲了所有娱乐的时间去备考。

对所有考研的学生来说,英语都是一项相当有难度的考验,它绝非能靠一日之功补上去,要的是厚积薄发,长期下功夫,点滴积累。一天早起背单词容易,可若一年三百六十五天,天天如此,却不容易。没有人监督你,没有人鼓励你,喜怒哀乐全靠自己消化。

每天的日子都是单调枯燥的,在自习室里看书、写字,坐得久了,屁股疼,就站起来接着看,站久了腿疼,再坐下看。看书累了,就听英语,训练听力,培养语感。反正是想尽一切办法让自己保持学习的状态。为了保持身体的健康,晚上还要到操场上跑两圈。偶尔的放纵,就是允许自己看一部英文电影,休息后再投入到复习中。

孤寂、落寞、苦闷、压力,在顾小北的心里来来回回流转,但这条路是自己选的,她愿意坚持。好几次,她濒临崩溃的边缘,独自站在冷风里,望着漆黑的天空和远方闪烁的灯火,想着父母,想着梦想,倦怠的时候还会想起庄凝,那个从小到大处处压着自己的表姐。她狠狠地告诫自己:"我必须考上,庄凝也准备在英国读研,不能比她差。"

时隔多年,再提起那段考研的日子,顾小北最大的体会就是,猛然觉得自己长大了,变成熟了。因为学会了独立思考,独自承担巨大的压力。可在当时,真是难熬。

结果还是随人愿的，顾小北考上了，是自己喜欢的新媒体策划与制作方向。

你一定想知道，庄凝怎么样了？如果我说，顾小北通过努力，终于超过了庄凝，那未免太玛丽苏了，不现实。庄凝也是很努力的姑娘，她从英国读完硕士后，回国工作了一年，后又面试去了一家总部在丹麦的公司，漂洋过海了。论年薪，她比顾小北高；论前景，似乎也很广阔；论爱情，好像比顾小北来得更早一些。

不过，她的这些优秀，对现在的顾小北来说，已经像轻风一样淡了。顾小北对她，早已没有了少女时代的那份因嫉妒而刻意为之的疏远，俩人如今亲密无间，发微信，寄东西，仿似不曾有过任何"隔阂"。

我想，这样解释她们的关系，或许更为合适：曾经，庄凝是顾小北心里的一根刺，让她难受了很多年，但也因为庄凝的存在，让顾小北不敢轻易懈怠，努力向这个参照物看齐。时隔多年，虽然她还是没有追上庄凝的脚步，但此时的她，在庄凝面前已经没有了往日的自卑和嫉妒。她已经凭借自己的努力，实现了自己的价值，这一路的经历造就了她的自信和优秀。现在的顾小北，也成了许多人眼中的"庄凝"。

如果能把对别人的嫉妒转变成鞭策自己的力量，不去想着如何诋毁诅咒别人，而是时刻激励自己变得更完美，那么就会获得意想不到的成就。难就难在,不是每个人都能成为顾小北。

　　海明威说过:"优于别人,并不高贵,真正的高贵应该是优于过去的自己。"

　　顾小北就是这样的姑娘,而我,也在努力活成这样的姑娘。

今天肯受苦，
明天才会有路

> 世间没有一种收获是不需要付出辛苦的，也没有一种进步是不夹杂痛苦的。也许，你此时此刻正经受着痛苦的打磨，但就像泰戈尔所说："你的负担将变成礼物，你受的苦将照亮你的路。"

几年前，住在我家隔壁的杨姐下岗了。

得知这个消息时，院里的不少人都觉得意外。谁都知道，杨姐察言观色的功夫是出了名的，说话也总能讨人欢心，算得上是一个八面玲珑的人，在单位里也深得公司领导器重。大家都在议论：这干得好好的，怎么就下岗了呢？是不是得罪领导了呀？

喜欢议论的人，思想还停留在多少年前，他们以为只要跟领导处好关系，就能保住位子。殊不知，现在这个年代，很多事情都变了。职场残酷，谁不能与时俱进，谁不能适应变化，就会惨遭淘汰。

杨姐是技校毕业，18岁进入公司，离开公司时已在那里干了20年。这20年间，杨姐在卖场做过导购，负责过童装、女装和鞋子等柜台，后来一步步做到了部门主管。她原本正朝着部门经理的位置努力呢，无奈公司将她调到了经理办。这是后勤部门，收入自然比不得卖场，可工作时间相对稳定，朝九晚五双休日，事情也不多，杨姐当时已结婚生子，考虑到可以有更多的精力照顾家人和孩子，她也就欣然接受了。

公司是一家老国企，一线的营业额是关键，后勤科室主要是辅助一线。在后勤部待了几年后，杨姐就熬成了元老级人物，恰好经理办主任退休了，凭借深厚的资历和丰富的经验，杨姐顺理成章地接替了经理办主任的职位。每到毕业季，公司都会招来一些新人，杨姐已习惯了安逸的工作状态，费脑子的活都交给新人来做。清闲的时候，她就一边工作，一边嗑着瓜子喝着茶，很是惬意。

近些年，国企改革，杨姐也感觉到自己在工作上越来越吃力，但她没太在意，总觉得自己是元老，不管怎么改革，总得给自己留一个容身之地。可没想到，公司上市重组的消息来得突然，董事会大刀阔斧地调整了领导班子，公司上下对这样的人事调动完全没有准备。看着决策层全都换了人，杨姐的心里也开始有了担忧。还好,高层领导并未将基层和中层的干部全部换掉,只是开设了英语班,聘请讲师为这些人员做培训。

杨姐上技校时学过点英语,可都是哑巴英语,这会儿让她用英语沟通交流,她怎么也张不开嘴。至于听力,完全是听天书一般的感觉。后来,当别的同事利用晚上的时间积极参加培训时,杨姐干脆回家看孩子去了。

几个月后,公司对中层管理人员进行培训考核,杨姐被刷了下来。人事部给她安排了两个去处:一是卖场,二是存车处。当时,杨姐已经快40岁了,去站柜台的话有些吃不消,去存车处的话,面子上觉得过不去,毕竟自己从前也是个主任。

思前想后,杨姐去找高层领导商量,哭诉自己在公司里做了20年,没有功劳也有苦劳,公司这么对自己太不公平……董事长好言相劝,暗示她这已是公司对她的最大照顾。杨姐不依不饶,结果总经理发了脾气,说:"公司不是慈善机构,你在这里做了20年,公司少过你一分钱的工资吗?少过你的福利待遇吗?你为公司服务,公司付你薪水,有什么不公平的?"

谈判是没用的了,杨姐拿出了最后的招数:请长期病假。过去,很多老员工都是用这一招来"对付"公司高层的,可她没想到,这一招竟然也失灵了,人事部的主管根本不吃这一套,而是严肃地警告她:"一个月不到岗,视为自动离职。"

就这样,在公司干了20年的杨姐,无情地遭到了解雇。时隔一两年,回想起整件事,杨姐自己也觉得很遗憾,她说:"当主任的时候总想着,可以在这里待到退休,也没想过要进修什么的。现在才知道,没有危机意识,不适应时代的变化,想在一个地方吃一辈子饭,到最后就会没饭吃。"

我在以前的文章里写过为什么要拒绝一份安稳的工作。我绝非排斥体制内的工作,我只是害怕自己会像杨姐那样,对安逸会感到上瘾,然后不知不觉陷入得过且过之中。我们所处的环境是时刻变化着的,不管现在如何安稳,它也有改变的一天。当某一刻,我们从美梦中醒来,就会诧异地发现:自己原来所拥有的一切,如今早已不见了踪影。

坦白说,某些时候,我的思想里是有一点点悲观色彩的,但这种悲观的存在,恰恰也成了一种警示,它在时刻提醒我:世间没有一种收获是不需要付出辛苦的,也没有一种进步是不夹杂痛苦的。也许,你此时此刻正经受着痛苦的打磨,但就像泰戈尔所说:"你的负担将变成礼物,你受的苦将照亮你的路。"

茧的存在，
是为了蜕变成蝶

> 想要活出另外一番模样，就得从舒适的茧里钻出来。痛苦肯定是有的，还可能要煎熬很久，可人生就是这样，若不把那些束缚你的东西破掉，就不可能有美丽的绽放。挣脱束缚固然痛苦，但在这个过程中，你也被赋予了无穷的力量，最终实现了蜕变与超越。缺少了这个过程，你永远不会成长成熟，也永远不会收获惊喜与感动。

T妹是一个胖女孩，上高中时体重达到了90公斤，虽说个子也不矮，可看起来依然是一枚胖妹。她知道自己胖，却极其反感外人说自己胖，即便是家里人多说了两句，她也会甩脸子，用力摔门。

我能理解，毕竟是十七八岁的女孩，身材虽不好，但也有自尊啊。T妹属于易胖的体质，上高中后，她一日三餐吃得并不多,可体重还是居高不下。熟悉她的人习惯了她胖的样子,大都没想过,她瘦下来会是什么样子?

高考结束后,T妹惊艳了所有人的眼。

我是在路上碰见她的。当时,她骑着自行车,齐肩的短发披散着,随着轻风在耳畔飘荡,穿着一件白色和淡紫色相间的横纹短袖,一条白色的长裙。说实话,她若不叫我,我还真认不出来——她跟过去相比简直是判若两人。

人瘦了,没有虎背熊腰了,肩膀都显得柔弱了。T妹胖的时候,身材成了众人关注的焦点,可当那些赘肉消失以后,我才发现,她其实是一个长相很清秀的姑娘。那时的我,也在读大学,女孩子对减肥美容这样的话题,总是饶有兴致的,我也忍不住向她取经。不过,那次时间很短,终究没能聊得尽兴。

后来,我和T妹相约去逛街,才知道她的减肥详情。

T妹跟我感情很好,不然的话,有些事情肯定是说不出口的。她说,高三那年的春节过后,她回到学校。一次体育课后,她独自往教室走,这时一个男生迎面走来,那男生望着她,流露出惊讶的表情,还顺口说了一句:"我靠!"

就是那句话,刺痛了T妹的自尊心。她很委屈,心想:胖怎么了?胖难道就该被这样鄙视吗?她越想越难受,越想越不甘心,自己没招谁惹谁,凭什么要受这样的侮辱?就是那一刻,T妹下决心要减肥。

高三的生活是很苦的，没日没夜地复习，本来其他人都在补身体，可T妹却是虐上加虐，她背负上了减肥的重任。每天下晚自习后，她就在宿舍的地板上铺上瑜伽垫，做几十个仰卧起坐；天气转暖后，她在操场上坚持跑半个钟头；晚饭通常是喝点粗粮粥，吃点水果；平日里所有的高热量甜食全部戒掉。那年的T妹，心里就两个想法：考上大学，减下体重。

高考结束后，T妹已经从90公斤顺利减到了75公斤，在跟家里说明情况后，父母很为她高兴，还提供援助让她去健身房请私教帮忙减肥、巩固。到我遇见她的时候，她已经减到68公斤，虽不能跟那些身材超好的美女们比，但对T妹来说，这已经是一次脱胎换骨的蜕变了。

作为一个讲述者，我只能把T妹的减肥历程大致描绘出来，然而具体到每一个环节，具体到流汗、疲惫、肌肉酸痛的感觉，唯有亲身经历过的人才知其中的滋味。我也有过减肥的历程，只知道在自己最不想动、最疲乏、运动到一半想要放弃的时候，没有人能帮到你，只能靠自己的意志力去克服，用美好的愿望去激励自己，咬牙坚持下去。

站在镜子前，看着原本臃肿的身体变得紧实匀称，那一刻就会觉得，所有的汗水、辛苦、忍受，都值了。真的就像从蛹变成蝴蝶，冲破重重黑暗和厚厚的茧，经历挣扎的阵痛，而后华丽蜕变，翩翩起舞。

其实，不只是减肥，任何事情的蜕变都少不了这段满载着希望、夹杂着痛苦的历程。

我的闺密在一家艺术培训机构做小提琴老师，慕名找她学艺的人很多。周围人提起她来，都是啧啧称赞，眼神里总会流露出一丝羡慕。我不羡慕她有人追捧，也不眼红她的高薪，倒不是因为闺密之情，而是我知道她头上这顶光环的背后，隐藏的都是不为人知的酸楚和努力。

闺密从9岁开始学小提琴，那时她正值小学三年级。想起那时的我，周末和假期还沉浸在和发小疯玩的阶段，而她却要背着小提琴去上课。当然，与现在很多孩子被迫学习技能不一样，她是真的喜欢，所以才能在此后这二十年里，天天琴不离手。

在艺术学院读书时，有一年左右的时间，她特别痛苦，原因就是感觉自己到了瓶颈期，越是着急，琴艺越是差劲。那时我们还不认识，而她身边也没有一个能理解她并帮助她的人。

直到有一次，她在路上看到一个架着双拐艰难前行的人，她的内心悸动了。那是她所在小区的住户，生病后落下了后遗症，此时，他在练习腿部的力量，想恢复正常的行走。就是在那一刻，她说自己瞬间有了力量：想要改变，想要进步，就必须接受打磨。最初可能是抗拒的、厌恶的，因为很难突破自己，但也正因为这份煎熬和痛苦，才意味着自己正走在蜕变的路上。

她开始放弃那些熟练的曲子，给自己制定了更高的目标。最初，真的是有一种要把自己逼疯的感觉，可渐渐的，她开始适应、习惯，并愈发熟练。她给自己制造的障碍，后来竟成了跳板，助她越过了那段低迷的时期。

茧的存在，是为了蜕变成蝶；蝶的存在，是为了完成茧的梦想。蝶是茧的终结者，却也是它的重生。想要活出另外一番模样，就得从舒适的茧里钻出来。痛苦肯定是有的，还可能要煎熬很久，可人生就是这样，若不把那些束缚你的东西破掉，就不可能有美丽的绽放。挣脱束缚固然痛苦，但在这个过程中，你也被赋予了无穷的力量，最终实现了蜕变与超越。缺少了这个过程，你永远不会成长成熟，也永远不会收获惊喜与感动。